設計技術シリーズ

―製品の信頼性を高める半導体―
LSIのEMC設計

［著］
ローム株式会社
稲垣 亮介

科学情報出版株式会社

まえがき

　ここ数年の間に，電磁両立性（EMC：Electromagnetic Compatibility）という言葉を多く聞くようになりました．特に半導体集積回路（LSI：Large Scale Integrated Circuit, IC：Integrated Circuit）製品の電気的特性（Electrical Characteristics）と並んでこの電磁両立性（EMC）特性が，製品の納入仕様として欧州・米国をはじめ日本国内においても極めて重要視される傾向にあります．電磁両立性（EMC）はその現象として，製品の動作時に電磁雑音を周囲に発散する電磁干渉（EMI：Electromagnetic Interference, Emission）と，周囲の電磁雑音により製品の誤動作や不具合が発生する電磁感受性（EMS：Electromagnetic Susceptibility, Immunity）に大きく分類出来ます．

　ところが半導体集積回路（LSI, IC）の微細化・高速化に背反して，この電磁両立性（EMC）特性なかでも電磁干渉（EMI）特性をその国際規格（International Standard）に準拠させる事が困難になってきた現状があります．特に高電圧・大電流を扱う断続（スイッチング）技術を採用する製品では，現存のアナログ技術・デジタル技術等を総動員して対処すべき事象です．その為に我々半導体集積回路（LSI, IC）の設計製造会社では量産機種を設計する際に，電磁両立性（EMC）特性の事前検証の重要性を改めて認識しています．

　半導体集積回路（LSI, IC）設計者と会話する事も多く，彼らの悩み事は（充）電池の使用効率を良くすれば良くする程，電磁干渉（EMI）が悪くなると言うものでした．回路動作からすれば至極当然で，断続（スイッチング）技術は電磁干渉（EMI）を発生させる事と同値な技術だからです．所謂，背反事象に相当する課題を，我々は解決する事を要求されているのです．一方，電子・電気の技術進歩は留まる事が無く当初は非常に困難な課題であっても，今や多くの発明・発想が生まれ次々と解決しているのも現状です．

　執筆の依頼を受けた際，半導体集積回路（LSI, IC）設計者の立場から電磁両立性（EMC）関連を解説した技術書は意外と少なく，半導体集積回路

❖まえがき／目次

(LSI, IC) との関連性や内部回路にまで言及したものを書いてみようか等と浅学ながら受諾しました．なるべく平易な記述にしながらも設計概念や設計思想を俯瞰する事によって，直感的な理解を助ける様に配慮しました．また半導体集積回路 (LSI, IC) 設計と直接関係の無い方々にも御活用頂ける様に，ある意味読み物風にも仕上げています．本書を一読頂いた後は，電磁両立性 (EMC) 業界の全体像が大よそでも理解でき且つ技術的な見通しが良くなった事に気づいて頂ければ幸いです．

　最後に，本書出版に御尽力を賜った，編集長松塚晃佑氏，松塚晃医氏をはじめ御支援頂いた多くの方々に心より感謝致します．

2018 年 2 月

著者しるす

目　　次

第1章　半導体集積回路設計と電磁両立性概要

1－1　はじめに ･･････････････････････････････････････ 3

1－2　半導体集積回路の製造工程微細化と素子構造 ････････････ 4

1－3　半導体集積回路の回路設計 ････････････････････････ 10

（1）電源電圧依存性 ････････････････････････････････ 10

（2）周囲温度依存性 ････････････････････････････････ 12

（3）ばらつき特性 ･･････････････････････････････････ 13

1－4　半導体集積回路と製品の応用回路 ････････････････････ 15

1－5　国際規格審議機関と電磁両立性国際規格 ･･････････････ 17

（1）電磁両立性関連の国際審議機関 ･･････････････････････ 17

（2）電磁両立性関連の国内審議団体 ･･････････････････････ 18

参考文献 ･･･ 19

第2章　半導体集積回路動作と電磁両立性特性

2－1　半導体集積回路の電力用半導体素子 ･･････････････････ 25

（1）DMOS 素子の構造と特徴 ････････････････････････ 25

（2）SJ-MOSFET 素子の構造と特徴 ････････････････････ 25

（3）IGBT 素子の構造と特徴 ････････････････････････ 25

（4）GaN 素子の構造と特徴 ･････････････････････････ 25

（5）SiC 素子の構造と特徴 ･･････････････････････････ 27

（6）FRD 素子の構造と特徴 ･････････････････････････ 27

（7）SBD 素子の構造と特徴 ･････････････････････････ 27

2－2　半導体集積回路の信号処理回路 ･･････････････････････ 29

（1）電源回路 ････････････････････････････････････ 29

（2）駆動回路 ････････････････････････････････････ 31

（3）音響回路 ････････････････････････････････････ 33

－ⅴ－

❖目次

2－3　半導体集積回路の保護機能等 ・・・・・・・・・・・・・・・・・・・・・・・・・・・・・・　34
（1）温度検出（TSD: Thermal Shut Down）・・・・・・・・・・・・・・・・・・・・・・　34
（2）過電流保護（OCP: Over Current Protection）・・・・・・・・・・・・・・・・・　34
（3）過電圧保護（OVP: Over Voltage Protection）・・・・・・・・・・・・・・・・・　34
（4）減電圧保護（UVLO : Under Voltage Lock Out）　・・・・・・・・・・・・・　34
（5）出力短絡保護（OSP: Output Short Protection）・・・・・・・・・・・・・・・・　35
（6）微小信号検出 ・・・　35
（7）リセット機能 ・・・　35
2－4　半導体集積回路の電磁両立性設計 ・・・・・・・・・・・・・・・・・・・・・・・・・・　36
（1）耐電磁干渉設計 ・・　36
（2）耐電磁感受性設計 ・・　38
2－5　半導体集積回路の代表的な電磁両立性国際規格 ・・・・・・・・・・・・・　41
（1）IEC 61967-4（1Ω/150Ω法，VDE 法）・・・・・・・・・・・・・・・・・・・・・　41
（2）IEC 62132-4（DPI 法）・・・・・・・・・・・・・・・・・・・・・・・・・・・・・・・・・・・・　41
参考文献 ・・　44

第3章　用途別半導体集積回路の電磁両立性設計（1）

3－1　断続（スイッチング）電源の電磁両立性設計 ・・・・・・・・・・・・・・・・　49
（1）半導体集積回路製品例　テキサス・インスツルメンツ社 ・・・・・・・・　49
（2）半導体集積回路製品例　リニア・テクノロジ社 ・・・・・・・・・・・・・・・・　52
（3）半導体集積回路製品例　ローム㈱・・・・・・・・・・・・・・・・・・・・・・・・・・・・　57
3－2　電荷移動（チャージ・ポンプ）電源の電磁両立性設計 ・・・・・・・・　62
（1）半導体集積回路製品例　リニア・テクノロジ社 ・・・・・・・・・・・・・・・・　62
3－3　低飽和型リニア電源（LDO電源）の電磁両立性設計 ・・・・・・・・・・　66
（1）半導体集積回路製品例　アナログ・デバイセズ社 ・・・・・・・・・・・・・　66
3－4　相補型プッシュプル電源の電磁両立性設計 ・・・・・・・・・・・・・・・・・・　70
（1）半導体集積回路製品例　新日本無線㈱・・・・・・・・・・・・・・・・・・・・・・・・　70
参考文献 ・・　73

第4章 用途別半導体集積回路の電磁両立性設計 (2)

4－1 LED駆動回路の電磁両立性設計 ・・・・・・・・・・・・・・・・・・・・・・・・・・・・・・・・・ 77
（1）半導体集積回路製品例 DIODES 社（ZETEX 社）・・・・・・・・・・・・・・・ 77
（2）半導体集積回路製品例 リニア・テクノロジ社 ・・・・・・・・・・・・・・・ 82
4－2 IGBT駆動回路の電磁両立性設計 ・・・・・・・・・・・・・・・・・・・・・・・・・・・・・ 86
（1）半導体集積回路製品例 富士電機㈱・・・・・・・・・・・・・・・・・・・・・・・・・・・ 86
4－3 D級音響用電力増幅器の電磁両立性設計 ・・・・・・・・・・・・・・・・・・・・・ 90
（1）半導体集積回路製品例 テキサス・インスツルメンツ社 ・・・・・・・・ 90
4－4 T級™音響用電力増幅器の電磁両立性設計 ・・・・・・・・・・・・・・・・・・ 96
（1）半導体集積回路製品例 トライパス・テクノロジ社 ・・・・・・・・・・・ 96
4－5 AB級音響用電力増幅器の電磁両立性設計・・・・・・・・・・・・・・・・・・・・100
（1）半導体集積回路製品例 テキサス・インスツルメンツ社 ・・・・・・・100
参考文献 ・・104

第5章 現象別半導体集積回路の電磁両立性検証 (1)

5－1 製造工程解析と半導体素子解析・・・・・・・・・・・・・・・・・・・・・・・・・・・・・・・109
（1）プロセス・シミュレータ ・・・・・・・・・・・・・・・・・・・・・・・・・・・・・・・・・・109
（2）デバイス・シミュレータ ・・・・・・・・・・・・・・・・・・・・・・・・・・・・・・・・・・110
（3）TCAD（Technology Computer Aided Design）・・・・・・・・・・・・・・・・111
5－2 回路解析と回路検証 ・・113
（1）解析と検証の背景 ・・・・・・・・・・・・・・・・・・・・・・・・・・・・・・・・・・・・・・・113
（2）計算機エンジン ・・・113
　2－1）回路解析概要 ・・・・・・・・・・・・・・・・・・・・・・・・・・・・・・・・・・・・・113
　2－2）回路検証概要 ・・・・・・・・・・・・・・・・・・・・・・・・・・・・・・・・・・・・・115
　2－3）高精度計算と収束性 ・・・・・・・・・・・・・・・・・・・・・・・・・・・・・・・115
　2－4）最新のSPICE ・・・・・・・・・・・・・・・・・・・・・・・・・・・・・・・・・・・・117
（3）計算機モデル ・・117
（4）半導体製造会社一覧 ・・・・・・・・・・・・・・・・・・・・・・・・・・・・・・・・・・・・118

❖目次

5－3　電磁界解析と電磁両立性検証 ･･････････････････････････････ 122
（1）解析と検証の背景 ･･････････････････････････････････････ 122
（2）計算機エンジン ･･･････････････････････････････････････ 125
　2－1）マクスウエルの方程式 ･････････････････････････････ 125
　2－2）周波数領域と時間領域 ･････････････････････････････ 127
（3）計算機モデル ･･･ 127
（4）EDAソフトウエア一覧 ･･･････････････････････････････ 129
参考文献 ･･･ 132

第6章　現象別半導体集積回路の電磁両立性検証 （2）

6－1　電磁両立性（EMC）特性の計算予測 ･･････････････････････ 139
6－2　測定値ベースの計算機モデル（エミッション計算検証） ･･････ 142
6－3　測定値ベースの計算機モデル（イミュニティ計算検証）　･････ 147
6－4　伝導エミッション（CE）計算検証 ･･･････････････････････ 150
（1）電磁両立性検証例（断続（スイッチング）電源）　ローム㈱ ･･････ 150
6－5　放射エミッション（RE）計算検証 ･･･････････････････････ 153
（1）電磁両立性検証例（断続（スイッチング）電源）　ローム㈱ ･･････ 153
6－6　伝導イミュニティ（CI）計算検証 ･･･････････････････････ 157
（1）電磁両立性検証例（マイコン）　････････････････････････ 157
6－7　放射イミュニティ（RI）計算検証 ･･･････････････････････ 160
（1）電磁両立性検証例（差動演算増幅器）　ローム㈱ ･･････････ 160
参考文献 ･･･ 165

－ VIII －

第7章　現象別半導体集積回路の電磁両立性検証（3）

7－1　半導体集積回路の動作範囲，静電気放電，
　　　　　　　　　　と伝導尖頭波等による影響・・・・・・・169

7－2　静電気放電，伝導尖頭波による電磁感受性検証の国際規格・・・・・・172

7－3　静電気放電，伝導尖頭波による電磁感受性検証の計算準備・・・・・・175

（1）IEC 61000-4-2 規格 Ed.1.0（1995）・・・・・・・・・・・・・・・・・・・・・・・175

（2）IEC 61000-4-2 規格 Ed.2.0（2008）・・・・・・・・・・・・・・・・・・・・・・・178

（3）ISO7637-2 規格，ISO16750-2 規格 ・・・・・・・・・・・・・・・・・・・・180

7－4　静電気放電による電磁感受性検証の計算予測 ・・・・・・・・・・・・・183

（1）電磁両立性検証例（LCD駆動回路）　ローム㈱ ・・・・・・・・・・・183

参考文献・・186

第8章　電磁両立性検証の電子計算機処理

8－1　検証マクロ記述例　伝導エミッション（CE） ・・・・・・・・・・・・・191

参考文献・・212

第1章

半導体集積回路設計と
電磁両立性概要

Abstract

　半導体集積回路（LSI：Large Scale Integrated circuit）や製品へ断続（スイッチング）技術が導入され，（充）電池での長時間駆動が現実のものとなっている．一方，電磁両立性（EMC：Electromagnetic Compatibility）の特性は，断続（スイッチング）動作とは背反する関係にあり，大電流化の傾向から今後益々悪化すると予想される．これら現象把握とその原因追究や事前設計を，主に半導体集積回路設計者の立場で俯瞰する．

1－1　はじめに

　近年，半導体集積回路（LSI：Large Scale Integrated circuit）[1]は省エネの傾向が強まり，地球環境に配慮した[2]半導体集積回路や製品が次々と開発されている．多くの断続（スイッチング）技術[3]が導入され，回路的に動作効率や変換効率を極限まで高める事で実現している．これらの技術の恩恵で，多機能・高性能な製品群が（充）電池で長時間動作する様になっている．しかしながら，その回路動作特有の影響で電磁両立性（EMC：Electromagnetic Compatibility）[4]の特性，とりわけ電磁干渉（EMI：Electromagnetic Interference, Emission）[5]の特性は，極めて悪化しているのが現状である．最も良く知られる電磁両立性の現象としては，液晶テレビ等の画像乱れ，アマチュア無線の通信障害，AM/FM放送の音声妨害，無線LAN（Local Area Network）通信妨害，スマートフォン・携帯電話での通話やデータ送受信障害等である．このような不具合現象は何が原因なのか？長時間駆動を目的として使用される断続（スイッチング）技術と電磁両立性の現象は，明らかに背反事象である．どちらかを満足させると他の一方は必ず悪化するが，世の中の要求は双方を求め，顧客にとっても双方が必要な電気的特性である．これらの現状を踏まえ，半導体集積回路の製造工程，素子構造，回路設計方法について言及し，どうすれば妨害や障害を防ぎ問題を解決できるのか，どうすれば製品の電磁両立性特性が，その国際規格[6]に準拠できるのかを解説する．

1−2　半導体集積回路の製造工程微細化と素子構造

　時代の進歩と共に半導体集積回路の製造工程も微細化[7]が進む．1990年代から2010年代まで20余年の間に素子の微細化は極端に行われた．CMOS素子のゲート長Lgについて言えば，おおよそ1/1,000までスケーリング則[8]が適用され，ムーアの法則（Moore's law）[9]に従った半導体集積回路素子が量産化・実用化されている．素子寸法のみならず，新材料素子や新構造素子等も活発に研究開発され，Bulk -CMOS素子[10]からPD-SOI（Partially Depleted Silicon On Insulator：部分空乏層型SOI）素子[11]やFD-SOI（Fully Depleted Silicon On Insulator：完全空乏層型SOI）素子[12]をはじめ，Fin-FET素子[13]，Multi-Gate素子[14]，Surrounding-Gate素子[15]等も実現した（図1.1参照）．素子を微細化する利点は，素子寸法を小さくできる事から集積トランジスタ数を増加させ，製造原価を押し下げる．さらに1枚のWA（Wafer，ウエハ）当たりの素子取れ数を増加させる事が出来，半導体集積回路製造と半導体集積回路製品の供給能力の面で有利に働く．（製造工程における歩留り（Yield）[16]は，製造数量に対する良品数を%（パーセント）で表した数値で素子取れ数とは区別される．）

　一方，これらの微細化された半導体集積回路素子の電源電圧は，素子耐圧の関係から低下の一途を辿る．古くは5V（ボルト）CMOS素子でロ

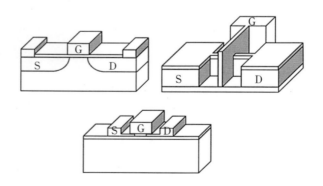

図 1.1　Bulk-CMOS（左），FD-SOI（中央下），Fin-FET（右）の素子構造 [10) 12) 13)]

ジックを構成していた時代の電磁感受性（EMS：Electromagnetic Susceptibility, Immunity）[5]では雑音余裕（Noise Margin）が最大約 2V（ボルト）あったが，現在の素子では電源電圧そのものが 1.2V 以下まで小さくなっている（図 1.2 参照）．微細 CMOS 素子の閾値電圧（後述）が 0.3V から 0.4V 程度と考えると，電磁感受性は単純に 5 倍（14dB（デシベル））以上にもなる．素子の微細化による電磁両立性特性に注目してみれば，同じ回路形式であれば電磁感受性は雑音余裕が小さくなる事で悪化の傾向を示す．アナログ回路で素子を微細化すると，回路の雑音特性が悪化する為，デジタル回路程積極的に微細化は行わない．あまり知られていない事であるが，実は電磁両立性特性も微細化しない方が有利となる事が少なくない．ここでは，製造工程の微細化に対応した半導体集積回路の電磁両立性設計を行う為に，半導体集積回路で使用する素子を簡単に確認しておく．ITRS 2.0 [17]での 2030 年までの微細素子の製造予測を示す．2015 年のロジック電源電圧は 0.8V であるが，2030 年には同電源電圧は 0.4V まで低減すると言う大胆な予測である（表 1.1 参照）．

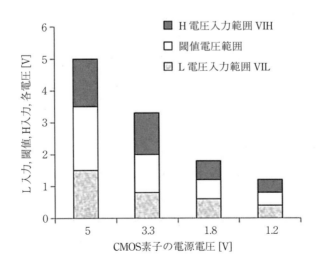

図 1.2　電源電圧，入力電圧，と雑音余裕

- 5 -

❖第1章 半導体集積回路設計と電磁両立性概要

　一般に半導体集積回路は，どのような素子構造であっても全てP型半導体とN型半導体で製造され，その接合は逆方向バイアスもしくは順方向バイアスされる．また不純物濃度の濃い部分はPやNの後に＋を，不純物濃度の薄い部分は－を付けて，P+やN-の様に記述する．

　デジタル設計で使用される小信号系CMOS素子は，ゲート端子を電圧で駆動する素子である（図1.3参照）．ゲート幅Wgとゲート長Lgで

表 1.1　半導体集積回路の微細化と，DRAM, NAND Flash, Logic 素子の主な特徴 [17]

Year	2015	2017	2019	2021	2024	2027	2030
DRAM calc. half pitch [nm]	24	20	17	14	11	8.4	7.7
DRAM Vint (support FET voltage) [V]	1.1	1.1	1.1	1.1	0.95	0.95	0.95
DRAM Gb/1chip target	8G	8G	16G	16G	32G	32G	32G
2D NAND Flash poly half pitch [nm]	15	14	12	12	12	12	12
Number of word lines in one 3D NAND string	32	32-48	64-96	96-128	96-192	256-384	384-512
NAND Product highest density (2D or 3D)	256G	384G	768G	1T	1.5T	3T	4T
Logic Power Supply Voltage - Vdd [V]	0.8	0.75	0.7	0.65	0.55	0.45	0.4
Logic devices structure options	FinFET FDSOI	FinFET FDSOI	FinFET LGAA	FinFET LGAA VGAA	VGAA M3D	VGAA M3D	VGAA M3D

(*LGAAはLateral Gate All Around半導体，VGAAはVertical Gate All Around半導体，M3DはMicro 3D半導体) [18]

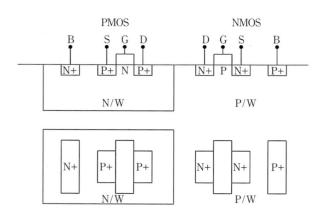

図1.3　CMOS素子の断面構造（上）と平面構造（下）
　　　（D: ドレイン端子，G: ゲート端子，S: ソース端子，B: バルク端子）

素子の駆動能力が決まる．素子はPMOSとNMOSに分類され，動作を開始するゲート・ソース間電圧V_{GS}を閾値電圧（スレッショルド電圧）V_{th}[19]という．この閾値電圧は周囲温度に大きな依存性があり，温度が低くなると増加する方向へ遷移する．製造原価が最も安価な為に，アナログ回路もCMOS素子で設計できる技術[20]が既に確立されている．最小ゲート寸法（最狭Wg且つ最短Lg）のCMOS素子の場合，出力電流能力は殆ど期待できない．

　アナログ設計で使用される小信号系バイポーラ（Bipolar）素子は，ベース端子を電流で駆動する素子である（図1.4参照）．エミッタ周囲長やエミッタ面積で素子の駆動能力が決まる．素子はPNPとNPNに分類され，動作を開始するベース・エミッタ間電圧V_{BE}をV_Fという．この電圧も周囲温度に大きな依存性があり，温度が低くなると増加する方向へ遷移する．コレクタ端子やエミッタ端子を流れる電流はダイオード方程式（Diode equation）で簡単に算出できる．差動演算増幅器等多くはこのバイポーラ（Bipolar）素子で設計され量産供給されている．最小エミッタ寸法のバイポーラ（Bipolar）素子の場合，製造工程にも依存するが出力電流は，横構造L（Lateral）-PNPで数10uA程度，縦構造V（Vertical）

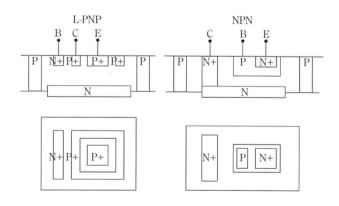

図1.4　バイポーラ（Bipolar）素子の断面構造（上）と平面構造（下）
（C: コレクタ端子，B: ベース端子，E: エミッタ端子）

–PNP で数 100uA 程度，NPN で数 100uA 程度である．

　半導体集積回路で使用される受動素子は，一般的には抵抗素子と容量素子である．半導体集積回路では注入する不純物濃度を利用した拡散（Diffusion）抵抗素子やポリシリコン（Poly-Si）抵抗素子を構成し，不純物層と配線層（メタル層）やポリシリコン（Poly-Si）層とを重ねて容量素子を構成する（図 1.5 参照）．共に純粋な抵抗素子や容量素子ではなく，寄生容量（Stray Capacitance）がサブストレート（Substrate）基板（SUB）との間に発生した混合素子となる．容量素子の設計値としては pF（ピコファラッド）程度で，10pF の大きさでもある程度の素子面積を占有する．誘導素子に関しては，近年高周波分野で意図的に半導体集積回路内に構成されるが，得られる L 値（Inductance）は大変小さく，Q 値（共振の鋭さ）も期待できる程ではない為，特殊な用途と考えた方が良い．

　配線層（メタル層）においても制約があり，主に配線抵抗と電流容量に注意する必要がある．最小線幅で引いた配線層では蒸着する金属にもよるが，その抵抗成分が 0.1Ω/□（カウント）程度発生し，また溶断する事無く定常的に流せる電流量も 1mA/um 程度となる．比較的大きな電流を流す経路では，配線幅を広くし，複数の配線層をヴィア（VIA）接続層を使って所望の値を満足させる設計とする．

　以上から，半導体集積回路で回路設計や電磁両立性設計を行う事は，かなり限定的である事が容易に理解できる．半導体集積回路の素子は，寸法が小さく電流駆動能力には限度があり，またその電気的特性は周囲温度依存性が大きく，後述する素子ばらつきの依存性も無視できない．

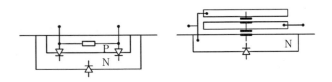

図 1.5　半導体集積回路内受動素子の構造拡散抵抗素子（左）と容量素子（右）

さらに構成できる受動素子は，寄生容量を含んだ混合素子で，本来の素子値も小さなものしか半導体集積回路の中に構成できない為である．

　個別半導体部品や個別受動部品と，半導体集積回路で使用できる各素子では，その耐圧や電流能力，混合素子ゆえの特性劣化等，特性を数値比較すると桁で値が異なる．しかしながら，圧倒的に有利な点もある．集積できる素子数が，ムーアの法則に従い年々増加している事である．(2015年Intel製Xeonプロセッサは10^9個のトランジスタを集積[21]．) さらにそれら集積した素子の整合性（素子間ばらつき等）が，とても良い事である．これらの特徴は，個別半導体部品や個別受動部品では実現困難であり，半導体集積回路特有の特性である．

❖第1章 半導体集積回路設計と電磁両立性概要

1−3 半導体集積回路の回路設計

　最近の半導体集積回路の特徴としては，回路規模の増加，回路機能の増加，信号処理速度の向上，製造工程微細化による電源電圧の低下，動作消費電力の低減等があげられる．以前はアナログ動作やデジタル動作と分類していたが，動作周波数が高くなるとデジタル回路でもアナログ的な動作把握を必要とする．デジタル動作の0や1と言った離散値ではなく，0から1へ移行する間の現象を連続的に評価する．電磁両立性検証で不具合が発生する主な原因としては，半導体集積回路における電源電圧依存性，周囲温度依存性，ばらつき特性等が大きな要因となるので，以下各項目毎に概要を解説する．

(1) 電源電圧依存性

　半導体集積回路では，電源電圧等を絶対最大定格と動作保証範囲で規定している．前者は，一瞬たりともその値を超えると，破壊等が起きても一切保証がないという定格である．この値は主に製造工程から決められており，素子構造から一意的なものとなる．後者の動作保証範囲は，この範囲内での基本動作について保証するものである．また社外仕様書に記載してある電気的特性は，記載してある電源電圧等ある条件下での保証値であり，動作保証範囲内全域で保証するものではない事に注意を要する．

　電源電圧範囲をどこまで保証するかは，その搭載する製品に依存する．一般的に（充）電池で動作する製品では，その（充）電池の定格の60%で動作する事が必要となる．1.5Vの乾電池1本で動作する製品では，そこに搭載する半導体集積回路は，その60%である0.9Vの動作保証が求められる．従来の純粋なアナログ回路では，バイポーラ（Bipolar）素子のベース・エミッタ間電圧 V_{BE} が約0.7Vである事から，この条件を満足する事は設計的にかなり厳しい．最近では，（充）電池の電圧が低下する0.7V付近から昇圧回路（断続（スイッチング）電源）を用いて1.5V以上の電圧を発生させる事ができるので，低電圧動作という点では以前程困難ではない（図1.6参照）[22]．

　電磁両立性検証では，昇圧回路を使わない場合，電磁雑音による電源

− 10 −

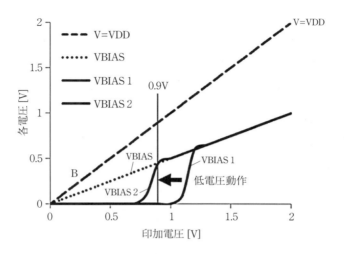

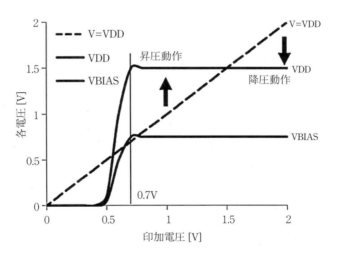

図1.6 低電圧回路(リニア電源)(上)と,昇圧回路(断続(スイッチング)電源)(下)の構成による特徴(VBIAS=VDD/2)

電圧の低下が原因で動作停止や誤動作等の不具合である，伝導イミュニティ（CI：Conducted Immunity）や放射イミュニティ（RI：Radiated Immunity）が発生しやすい．昇圧回路を使う場合，電源電圧低下の不具合は起きにくいが昇圧回路から定常的に発生する電磁干渉である，伝導エミッション（CE：Conducted Emission）や放射エミッション（RE：Radiated Emission）が特に問題となりやすい．また半導体集積回路の中で基準とする電圧は，接地基準で構成するのか，電源・接地間の分圧にするのか，さらにその時定数 τ（Time Constant）や合成インピーダンス Z（Impedance）等によって，電磁感受性に大きく依存する．

(2) 周囲温度依存性

　民生製品の場合，動作周囲温度 Ta が通常 -25℃から $+75$℃まで約 100 ℃の保証範囲を必要とし，車載製品では動作周囲温度 Ta が -40℃から $+125$℃まで約 165℃の保証を必要とする場合がある．半導体集積回路の接合部最大温度 $Tjmax$ が $+125$℃もしくは $+150$℃である事を考慮すると，素子信頼性範囲の最大値付近まで動作保証する事となる[23)24)]．

　半導体集積回路の特徴として，動作周囲温度 Ta が上昇すると素子の最大動作周波数 f_{MAX} は向上し，動作周囲温度 Ta が低下すると最低動作電源電圧 $V_{DD\ (MIN)}$ が大きくなる．この現象は，CMOS 素子では閾値電圧 V_{th} の負の温度特性（約 -2mV/℃）に，同様にバイポーラ（Bipolar）素子ではベース・エミッタ間電圧 V_{BE}（V_F）の負の温度特性（約 -2mV/℃）に依存している．トランジスタだけでなく，ダイオードや抵抗等も温度特性を持つので，同様に動作周囲温度 Ta に対して電気的特性が変化する．半導体集積回路で使用する素子が温度特性を持ち，それらで構成する回路特性が変化する事によって，電磁両立性特性も変化する．

　電磁両立性の規格準拠試験は，通常常温（室温約 $+27$℃）で行われる事が殆どである．しかし，高温下ではパルスの tr（Rise Time，立上り時間），tf（Fall Time，立下り時間）の短時間化や高周波まで動作する事による電磁干渉の特性が，低温下では電源電圧低下による動作停止や誤動作等による電磁感受性の特性が悪化する事が予想される．常温による電磁両立性規格に適合する事が最終目的ではなく，製品が不具合なく動作

する事を最終目的と考えると，高温下や低温下でも電磁両立性に関する
不具合が発生しない様に半導体集積回路を設計する必要がある．

（3）ばらつき特性

　半導体集積回路には，絶対値ばらつき（Absolute Variation）と相対値
ばらつき（Mutual Variation）が存在する．前者は素子特性の絶対値のば
らつきを示しており，一般的に大きく変化する．例えばトランジスタの
電流増幅率 h_{FE} は 0.5 倍から 2 倍程度（±6dB），抵抗値のばらつきは±10
％程度である．一方，相対値ばらつきは，比較的良好な特性を示す．隣
接するトランジスタの電流増幅率 h_{FE} のばらつきは±2％～±3％程度，
隣接する抵抗値のばらつきも同程度である．この特徴は半導体集積回路
特有のもので，素子の整合特性（マッチング特性）として評価される．

　さらに WID（With In Die）ばらつき（チップ内ばらつき）または OCV
（On Chip Variation）と，D2D（Die to Die）ばらつき（チップ間ばらつき）[25]も，
一般的な評価指標である．WA（Wafer，ウエハ）間ばらつきや LOT（ロ
ット）間ばらつき [26]も，量産に向けて評価が実施される．2008 年頃よ
り微細製造工程では，上記に加えてシステマティックばらつき
（Systematic Variation）とランダムばらつき（Random Variation）[27]という
概念も本格導入される（図 1.7 参照）[27]．CMOS 素子の製造工程の場合，
一般的に 130nm までは縮退寸法である程度製造が可能であるが，それ
以降の製造工程では，微細化に伴う様々な物理現象が発生する．量産性
考慮設計技術 DFM（Design For Manufacturing）[28]等も，これらを意識し
また歩留りを確保する為の対策となる．尚この DFM の概念は，5 つの
設計技術に分類される（図 1.8 参照）[29]．

　電磁両立性特性に関しては，相対値ばらつきにも支配されると考える．
差動演算増幅器や平衡回路等で，本来であれば一致している回路特性が
不平衡状態となる．その結果，コモン・モード電流の発生やノーマル・
モード電流へ変換される事で，電磁両立性特性が悪化する傾向となる．
但し，ばらつきの内容は多岐に渡るので，相互の関係を明確にするには
慎重な議論が必要である．

－ 13 －

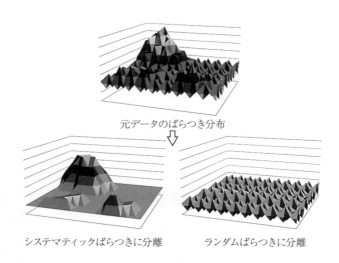

図 1.7 ばらつきの種類による傾向 [27]

```
DFM (Design For Manufacturing)    量産性考慮設計技術
  ├─ DFF (Design For Fabrication)  製造性考慮設計技術
  ├─ DFY (Design For Yield)        歩留り考慮設計技術
  ├─ DFP (Design For Performance)  性能考慮設計技術
  ├─ DFR (Design For Reliability)  信頼性考慮設計技術
  └─ DFT (Design For Testability)  検証性考慮設計技術
```

図 1.8 量産性考慮設計技術 DFM の分類 [28]

1－4　半導体集積回路と製品の応用回路

　半導体集積回路を封止材で封入したいわゆる樹脂封止品（モールド品）[30]を，顧客が製品に使用する場合，周辺回路等は半導体集積回路の製造会社から発行される社外仕様書の応用回路図を参考にして設計する事になる．この場合，周辺回路の構成や使用する部品の種類や定数は，基本的には顧客側で決める．最近の様に製品の開発期間が極端に短く，また開発すべき製品の種類も多くなると，細部まで十分な時間を取って検討する事が困難になると予想される．

　このような状況では，半導体集積回路単位での開発ではなく，もう1段階上の機能設計[31]での開発が適している．半導体集積回路と周辺部品を1つの樹脂封止機能製品（モジュール品）[32]に組み込んだものである（図1.9参照）．これら製品では，既に外付け部品は最適の状態で検討・組込みが行われているので顧客側での詳細な検討を不要とし，また全体の動作も半導体集積回路製造会社もしくは樹脂封止機能製品製造会社で保証される．尚，同様の概念に古くからSoC (System On Chip)[33]やSiP (System In Package)[34]も存在する．

　樹脂封止品と樹脂封止機能製品は，見た目にそれ程大きくは変わらないが，電磁両立性特性という見地から述べると大きな差異がある．樹脂封止品の場合には，内部にあるのは基本的に珪素片（シリコン・チップ）のみとなる．半導体集積回路で実現できる受動素子は前述した様に，と

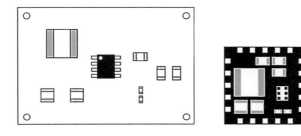

図1.9　樹脂封止品を使ったPCB基板（左）と，樹脂封止機能製品（右）の例

ても小さな定数のものしか内蔵できない．ところが，樹脂封止機能製品の場合は，個別受動部品が内蔵できるので，部品寸法（特に部品高さ）等制約に合致すれば，大きな定数の部品が内蔵できる．

　以上から，PCB基板上で構成している部品そのものを，樹脂封止機能製品に内蔵できるので，使用する側は電磁両立性特性については，事前に検証する必要が殆ど無くなるのが大きな特徴となる．（例：入力段 L=10uH，C=10uF を2個，出力段 L=4.7uH，C=10uF を2個，R=47KΩ，1KΩ）（図1.10参照）

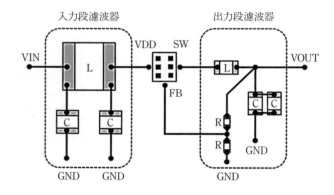

図1.10　樹脂封止機能製品の電磁両立性設計（降圧断続（スイッチング）電源の例）

1－5　国際規格審議機関と電磁両立性国際規格

　電磁両立性関連の国際規格は，国際標準化機構 ISO[35]，国際電気標準会議 IEC[36]，国際無線障害特別委員会 CISPR[37] の国際規格審議機関から発行されている．ISO は 1946 年設立でスイス・ジュネーブに本部を置く非政府機関で，加盟 163 カ国，規格発行数 21,000，規格作成専門委員会 3,368 にも及ぶ[35]．IEC は 1906 年設立で同ジュネーブに本部を置き，正準会員数 83 カ国，規格発行数 6,933，規格作成専門委員会 97（2014年末）[38] と，共に巨大な審議機関である．

　製品の電磁両立性規格は IEC の TC77[39] で提案・審議し，主として半導体集積回路の電磁両立性規格は IEC の SC47A[40] で提案・審議している．SC47A 下部組織の WG2 と WG9 では電磁両立性計算法と電磁両立性測定法に関する規格提案・審議活動を行う[41]．他に ISO と IEC/CISPR でも同様の活動が行われている．日本工業標準調査会 JISC[42] が，日本国としての代表登録審議機関であり，各国内審議団体に対して業務委託を行う．TC77 と SC47A に対しては，一般社団法人電気学会 IEEJ[43]，一般社団法人電子情報技術産業協会 JEITA[44] が，ISO と CISPR に対しては，公益社団法人自動車技術会 JSAE[45] が担当する．電気学会では電気規格調査会電磁環境部会[46] を，電子情報技術産業協会では SC47A 国内委員会[47] を，自動車技術会では電子電装部会 CISPR 分科会[48] を組織し，世界標準化活動の推進・支援を行う．

　ここでは，TC（Technical Committee）を専門委員会，SC（Sub Committee）を分科委員会，WG（Working Group）をワーキング・グループと訳す．

（1）電磁両立性関連の国際審議機関

・ISO（International Organization for Standardization[35]）
　├ TC22（Road vehicles）　自動車専門委員会
　　├ SC32（Electrical & electronic components & general system aspects）
　　　　電気電子部品汎用システム分科委員会
　　　├ WG3（Electromagnetic Compatibility）
　　　　　電磁両立性ワーキング・グループ

❖第1章　半導体集積回路設計と電磁両立性概要

- IEC（International Electrotechnical Commission）[36]
  - TC77（Electromagnetic Compatibility）電磁両立性専門委員会 [39]
    - SC77A（Low frequency phenomena）低周波電磁両立性分科委員会
    - SC77B（High frequency phenomena）高周波電磁両立性分科委員会
    - SC77C（High power transient phenomena）高電磁界過渡現象分科委員会
  - TC47（Semiconductor Devices）半導体素子専門委員会
    - SC47A（Integrated Circuits）集積回路分科委員会 [40]
      - WG2（Modelling of Integrated circuits for behavioural simulation related to electromagnetic compatibility）電磁両立性計算法ワーキング・グループ
      - WG9（Test procedures and measurement methods for EMC in integrated circuits）電磁両立性測定法ワーキング・グループ
  - CISPR（Comité International Spécial des Perturbations Radioélectriques）[37]
    - Sub Committee D（Electromagnetic Disturbances Related To Electrical/Electronic Equipment on Vehicles and Internal Combustion Engine Powered Devices）分科委員会 D 自動車，内燃機関における電気電子装置の電磁妨害

（2）電磁両立性関連の国内審議団体

- 一般社団法人電気学会 IEEJ
  （The Institute of Electrical Engineers of Japan）[43]
  電気規格調査会電磁環境部会 [46]
- 一般社団法人電子情報技術産業協会 JEITA
  （Japan Electronics and Information Technology Industries Association）[44]
  SC47A 国内委員会 [47]
- 公益社団法人自動車技術会 JSAE
  （Society of Automotive Engineers of Japan）[45]
  電子電装部会 CISPR 分科会 [48]

－ 18 －

参考文献

1) "Green Clean Semiconductor よくわかる半導体 IC ガイドブック 2009 基礎編より," 電子情報技術産業協会 JEITA 電子デバイス部発行, 15 pages, 2009.

2) "環境データブック 2015," ローム株式会社, 24pages, 2015.

3) "電源テクニカル・ハンドブック," TDK ラムダ株式会社, TDK 株式会社, 第 2 版 1 冊発行, 135pages, Mar. 30,2016.

4) 佐藤智典, "EMC とは何か," 株式会社 e・オータマ, 16pages,Oct. 2013.

5) 鈴木茂夫著, "EMC と基礎技術," 工学図書株式会社, ISBN4-7692-0349-7.

6) "Generic IC EMC Test Specification," Version 2.0, 109pages, July 11, 2012.

7) 土屋英昭, "シリコン VLSI の微細化とナノ MOS トランジスタ," 神戸大学工学部電気電子工学科電子デバイス研究室, 25 pages,2006.

8) 藤野毅, "集積デバイス工学 (13) デバイスのスケーリング則," VLSI センタ, 25 pages,2008.

9) Intel homepage, "マイクロプロセッサを支えるインテルのテクノロジ," インテル・ミュージアム.

10) Tsu‐Jae King Liu, "Planar Bulk CMOS Scaling to the End of the Road," Electrical Engineering and Computer Sciences Department University of California at Berkeley, 35 pages, Nov.2012.

11) A. Allan, "International Technology Roadmap for Semiconductors," ITRS ORTC, ITRS Meetings San Francisco, USA, pp. 1-23, July 2008.Source: ITRS, European Nanoelectronics Initiative Advisory Council (ENIAC).

12) STmicroelectronics homepage, "FD-SOI の詳細," イノベーション & テクノロジ.

13) Tsu‐Jae King Liu, "FinFET History, Fundamentals and Future," Department of Electrical Engineering and Computer Sciences University of California, Berkeley, CA 94720‐1770 USA,55 pages, Jun. 11,2012.

14) Tsu‐Jae King Liu, "Introduction to Multi‐gate MOSFETs," Electrical Engineering and Computer Sciences Department University of California at Berkeley, 30 pages, Oct.3, 2012.

15) D. Jimenez et.al, "Physics-based compact model for the Surrounding-Gate

MOSFET," Departament d' Enginyeria Electrònica; ETSE; Universitat Autònoma de Barcelona; Barcelona（Spain）, 1 page, 2005.

16）二階堂正人，"量産化に向けた生産技術 故障診断を利用したロジック LSI の歩留まり向上解析," NEC 技報 , pp.73-76, Vol.62 No.1,2009.

17）ITRS 2.0 homepage, http://www.itrs2.net/itrs-reports.html

18）Wei-Che Wang and Puneet Gupta, "Efficient Layout Generation and Evaluation of Vertical Channel Devices," Department of Electrical Engineering, University of California, Los Angeles,7 pages, 2014.

19）藤野毅，"半導体工学（12）MOS 電界効果トランジスタ（2）," 立命館大学 電子情報デザイン学科 , 17 pages, 2005.

20）松澤昭，"CMOS アナログ設計の基礎," 東京工業大学大学院理工学研究科 ,Titech, VDEC,86 pages, Jan 5, 2007.

21）Intel homepage,
http://www.intel.co.jp/content/www/jp/ja/innovation/processor.html

22）RP402x シリーズ，"高効率小型パッケージ昇圧 DC/DC コンバータ ,"
NO.JA-317-160509, リコー株式会社 , 50 pages, 2016.

23）岩森則行，"最近の車の電子化と車載部品の信頼性," 株式会社デンソー，第 15 回 OEG セミナ ,69pages, July 13, 2010.

24）"BD41020FJ-C 社外仕様書 ,LIN トランシーバ," ローム株式会社 , 20 pages, Mar. 25, 2013.

25）岡田健一，"製造と設計にかかわるばらつき," 東京工業大学大学院理工学研究科 ,SEMICON Japan,29 pages, 2007.

26）岡田健一，"集積回路における性能ばらつき解析に関する研究," 博士学位論文 , 京都大学情報学研究科通信情報システム専攻 ,2003.

27）平本俊郎 , 竹内潔 , 西田彰男，"MOS トランジスタのスケーリングに伴う特性ばらつき," 電子情報通信学会誌 , pp.416-426,Vol.92 No.6,2009.

28）石原宏，"第 3 章 DFM の歴史と先端 LSI 開発における必要性 LSI 開発のトレンドを知る," Design Wave Magazine, pp.61-62, May 2007.

29）"DFM 用語集 2011 年度版," JEITA 半導体部会生産技術専門委員会 DFM 小委員会 ,133 pages,2011.

30）中村正志, "半導体封止材の技術動向," 特集電子材料技術, パナソニック電工技報, pp.10-16, Vol.59 No. 1, 2011.

31）"ROHM GROUP 近距離無線通信 LSI/ モジュール Ver.2.0," ローム株式会社, 28 pages, 2015.

32）石田正明, 山田啓壽, 山崎尚, "半導体パッケージでの電磁波シールド技術," 東芝レビュ, pp.7-10, Vol.67, No.2, 2012.

33）広瀬佳生, "10 群（集積回路）－ 3 編（システムオンチップ技術）, 1 章 SoC の構成要素," 電子情報通信学会「知識ベース」, 6 pages, 2010.

34）小谷光司, " 10 群（集積回路）－ 3 編（システムオンチップ技術）, 3 章 実装形態," 電子情報通信学会「知識ベース」, 6 pages, 2010.

35）ISO homepage, http://www.iso.org/iso/home.html

36）IEC homepage, http://www.iec.ch/

37）IEC/CISPR homepage,
http://www.iec.ch/emc/iec_emc/iec_emc_players_cispr. htm

38）JISC homepage, https://www.jisc.go.jp/international/iec-guide.html

39）IEC/TC77 homepage,
http://www.iec.ch/emc/iec_emc/iec_emc_players_tc77.htm

40）IEC/TC47/SC47A homepage,
http://www.iec.ch/dyn/www/f?p=103:7:0::::FSP_ORG_ID,FSP_LANG_ID:1368,25

41）IEC/TC47/SC47A/WG2_WG9 homepage,
http://www.iec.ch/dyn/www/f?p=103:29:0::::FSP_ORG_ID,FSP_LANG_ID:1368,25#1

42）JISC homepage, http://www.jisc.go.jp/

43）IEEJ homepage, http://www.iee.jp/

44）JEITA homepage, http://www.jeita.or.jp/

45）JSAE homepage, http://www.jsae.or.jp/

46）IEEJ homepage,
http://www2.iee.or.jp/ver2/honbu/jec/02-about/index070.html

47）JEITA homepage, http://home.jeita.or.jp/tsc/nc.html

48）JSAE homepage, http://www.jsae.or.jp/08std/

第2章

半導体集積回路動作と
電磁両立性特性

Abstract

　半導体集積回路で長時間動作を実現する為の断続（スイッチング）技術
では，駆動段まで含め半導体集積回路単独で機能するものと，個別電力用
半導体素子の駆動制御として機能するものがある．第2章では，双方の
半導体集積回路の内部動作の概要を把握する．また電磁両立性（EMC：
Electromagnetic Compatibility）について，有利に働く回路構成と不
利に働く回路構成を認識し，それらを考慮した半導体集積回路の回路設計
について解説する．

2−1　半導体集積回路の電力用半導体素子

半導体集積回路の素子構造とその特徴については，第1章で解説している．ここでは断続（スイッチング）技術の駆動段（出力段）に使われる集積可能な電力用半導体素子や，個別電力用半導体素子，さらには整流素子（ダイオード）等について概要を述べる．

(1) DMOS 素子の構造と特徴

半導体集積回路内に集積可能な電力用半導体素子として，DMOS（Double diffused MOSFET）がある．素子耐圧は凡そ 10V〜500V で，導通時抵抗（オン抵抗）Rds [1]が低く高速断続（スイッチング）特性が良好である．単純な構造且つ，生産数量が極めて多い為に製造価格が安価である．他にも集積可能な素子として CMOS 素子があり，ゲート幅 Wg を拡張する事で電力用半導体素子として対応可能である（図 2.1 参照）[2]．

(2) SJ-MOSFET 素子の構造と特徴

個別電力用半導体素子の1種として，SJ-MOSFET（Super Junction MOSFET）がある．素子耐圧は凡そ 500V〜1KV で，深い P 型エピタキシャル層で製造する事で，耐圧を確保しながら導通時抵抗（オン抵抗）Rds の低減が可能である．但し，製造工程は複雑化する（図 2.1, 2.2 参照）[2]．

(3) IGBT 素子の構造と特徴

個別電力用半導体素子の1種として，絶縁ゲート・バイポーラ・トランジスタ（Insulated Gate Bipolar Transistor）がある．素子耐圧は凡そ 400V〜10 数 KV で，入力部が MOS 構造，出力部がバイポーラ構造の混合素子である．導通時抵抗（オン抵抗）Rds が低く高速断続（スイッチング）特性が良好であるが，最大 50KHz 程度ゆえ DMOS 素子の方が有利である．バイポーラ構造なので，製造価格が安価である（図 2.1, 2.2 参照）[2]．

(4) GaN 素子の構造と特徴

個別電力用半導体素子の1種として，窒化ガリウム（Gallium Nitride）がある．素子耐圧は凡そ 300V〜600V である．珪素（Si：Silicon，シリコン）特性の性能限界を超える次世代電力用素子で，その秘められた性能は注目に値する．従来の Si 素子と比較すると，電力損失は 1/2 以下

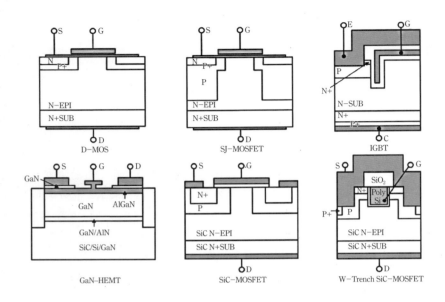

図2.1 個別電力用半導体素子（トランジスタ）の断面構造[2]

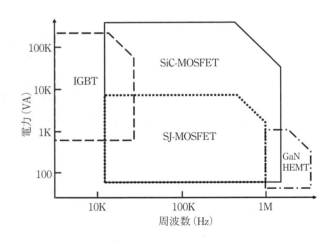

図2.2 個別電力用半導体素子の周波数・電力分布[8]

に低減，導通時抵抗（オン抵抗）Rds は 1/1,000 に低減，動作時に導通時抵抗（オン抵抗）Rds が上昇するチャネル空乏化による電流コプラス現象 [3] をも抑制，また絶縁破壊電界は 10 倍となる．飽和ドリフト速度（Velocity Saturation）[4] が 2 ～ 3 倍の為，高速断続（スイッチング）動作が可能である．但し，GaN 単結晶基板の口径が小さく，転位密度（結晶欠陥密度）[5] は現状低くない（図 2.1，2.2 参照）[2]．

(5) SiC 素子の構造と特徴

個別電力用半導体素子の 1 種として，炭化珪素，シリコン・カーバイド（Silicon Carbide）がある．素子耐圧は凡そ 600V ～ 数 KV で，GaN と同等に極めて優れた素子性能を誇る．導通時抵抗（オン抵抗）Rds を更に低減させたトレンチ構造 SiC トランジスタや，ゲート部への電界集中を回避したダブル・トレンチ構造 SiC トランジスタも実現している．SiC ダイオードは実用化が達成されている．但し，SiC 単結晶基板の転位密度（結晶欠陥密度）が現状低くない（図 2.1，2.2 参照）[2]．

(6) FRD 素子の構造と特徴

一般整流用ダイオードから逆方向回復時間 Trr（Reverse Recovery Time）を改善した構造として，FRD（First Recovery Diode）がある．PN 接合で製造し，順方向電圧は約 2V である．但し逆方向回復時間 Trr に発生する逆方向回復電流 Irr（Reverse Recovery Current）によって，電磁干渉（EMI：Electromagnetic Interference, Emission）[6] が悪化する傾向にある（図 2.3 参照）[7]．

(7) SBD 素子の構造と特徴

SBD（Schottky Barrier Diode）は PN 接合で製造するのではなく，金属と半導体の接触構造の為，原理的に逆方向回復時間 Trr が発生しない．その為，電磁干渉（EMI）は良好である．順方向電圧は約 0.6V で，SiC-SBD の需要は大変多い（図 2.3 参照）[7]．

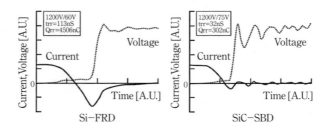

図2.3 個別電力用半導体素子（ダイオード）の逆方向回復特性 [9]

2-2 半導体集積回路の信号処理回路
(1) 電源回路

電源回路の最も基本的な動作としては，入力電圧の変動を吸収して所望の出力電圧を一定にする事である．従来の純粋なアナログ回路では，出力段が相補型（コンプリメンタリ）[10]のプッシュプル電源が適用されている．半導体集積回路内に接地（GND）からの一定電圧である基準電圧源（VREF：Voltage Reference）をN倍させて出力電圧を得る．最大出力電流[11]は，出力段のNMOSやPMOSの素子寸法に依存する．回路構成上，出力電圧は入力電圧よりも小さくなるので降圧出力となる．例えば5V（ボルト）入力に対して3.3V出力を得る場合等である．相補型であるので，負荷変動に対して負荷電流の流入・流出に追従でき，電磁感受性（EMS：Electromagnetic Susceptibility, Immunity）[7]は良好である．アナログ回路であるので，電磁干渉（EMI）についても良好である（図2.4（左）参照）．

入力電圧と出力電圧の差が小さい応用回路も需要が少なくない．例えば1.5V入力に対して0.9V出力を得る場合等である．相補型の構成としたいが，NMOSとPMOSの閾値電圧（スレッショルド電圧）V_{th}[12]の為に，電源電圧が不足して電源回路が動作しなくなる．その為に出力段をPMOS（もしくはPNP）1個で駆動する構成を低飽和型リニア電源（LDO：Low Drop Out 電源）[13]という．PMOSのドレイン・ソース間電圧 V_{ds} が

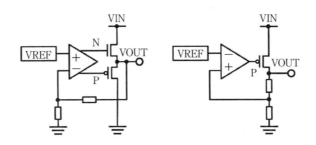

図2.4 相補型プッシュプル電源（左）と，低飽和型リニア電源（LDO電源）（右）の構成

限りなくゼロ近くまで動作するので，入出力電圧が接近している場合に有利な回路構成となる．但し PMOS（もしくは PNP）だけの為，素子から負荷への流出電流（Source Current）しか供給能力がない．従って，電磁雑音等によって素子への流入電流（Sink Current）が発生した時は，出力電圧が設定電圧よりも大幅に上昇して異常動作を招く．特に負荷が軽い場合に注意を要し，電磁感受性（EMS）は脆弱である（図 2.4（右）参照）．

　電磁両立性設計としては，相補型プッシュプル電源が選択できる場合はそれを優先し，入出力電圧が接近している場合は低飽和型リニア電源（LDO 電源）を選択する．電磁感受性（EMS）を高める場合に低飽和型リニア電源（LDO 電源）では，出力端子に容量素子等を接続するか，無負荷時でもある程度の流出電流（Source Current）を定常電流として流す等の対策が必要である．

　一方，断続（スイッチング）電源[14]は，3 種の方式に分類できる．入力電圧よりも高い出力電圧を設定する昇圧回路，入力電圧によらず出力電圧を自由に設定できる昇降圧回路，入力電圧よりも低い出力電圧を設定する降圧回路である（図 2.5 参照）．出力電圧として所望の電圧が得られ，また入力電圧から出力電圧への変換も高効率を維持できる事から，広く利用されている．今や（充）電池での長時間駆動としては，無くてはならない回路技術となっている．しかしながら，全ての方式で電磁干

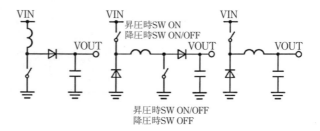

図 2.5　断続（スイッチング）電源の基本構成，昇圧回路（左），昇降圧回路（中央），降圧回路（右）

渉（EMI）が発生する回路動作，すなわちパルス幅変調（PWM：Pulse Width Modulation）やパルス周波数変調（PFM：Pulse Frequency Modulation）[15]を使用した出力形式となっているので，そのままでは電磁両立性（EMC：Electromagnetic Compatibility）[16]の国際規格に準拠する事は困難となる．

電磁干渉（EMI）としては，降圧回路では，出力段の個別受動部品が低域通過濾波器として機能するので，対策としては主に入力段の電磁雑音処理を行う．

昇圧回路と昇降圧回路については，出力段が低域通過濾波器として機能しないので，入力段と共に処理する必要がある．具体的にはT型やπ型のLC（誘導素子と容量素子）低域通過濾波器や，EMIフィルタ[17]，ビーズ[18]等を追加して，伝導エミッション（CE：Conducted Emission）を中心とした不要輻射を低減させる．さらに放射エミッション（RE：Radiated Emission）に対しては，コモン・モード・チョーク（CMC：Common Mode Choke）[19]を必要とする場合がある．出力電流が数A（アンペア）〜数10A（アンペア）の製品群では，個別受動部品を使って発生している不要輻射を減衰させる事となる．

電磁感受性（EMS）としては，後述する半導体集積回路の様々な保護回路が誤動作を起こす場合がある．保護回路の種類によって電磁感受性（EMS）の良いものと悪いものに分類ができる．また状況によっては，電磁干渉（EMI）と電磁感受性（EMS）が同時発生する自家中毒（Intra System EMC）[20]が発生する事もあるので，電磁干渉（EMI）と電磁感受性（EMS）の双方の対策が必要となる．

（2）駆動回路

代表的な製品としては，LED（Light Emitting Diode）駆動回路[21]，LCD（Liquid Crystal Diode）駆動回路[22]，モータ駆動回路[23]，ゲート駆動回路[24]等がある．前者2回路の基本的構成は断続（スイッチング）電源＋専用回路と考えると，電磁干渉（EMI）の雑音源は大半が断続（スイッチング）電源にある．製品によっては電荷移動（チャージ・ポンプ）電源を搭載する事もあるが，程度の差はあるものの同様に電磁干渉（EMI）は悪化

する．後者2回路においては，個別電力用半導体素子の本駆動回路から電磁干渉（EMI）が発生する．

製品別では，LED駆動回路においては更なる省電力状態である調光動作（間欠動作）[25]を行う時に，電磁干渉（EMI）がより悪化する場合がある．LCD駆動回路は，ガラス基板上に珪素片（シリコン・チップ）を搭載する事があり，その際の電磁両立性（EMC）対策部品は，長いフレキシブル・ケーブルの後に設置せざるを得ず，その改善効果が薄らぐ．その為，半導体集積回路内での電磁両立性設計が求められる．モータ駆動回路では，次段に接続される個別電力用半導体素子を駆動する．現在は静音化の為にモータを正弦波駆動する製品が主流となっている．矩形波駆動に比べて電磁干渉（EMI）は少ないが，元はパルス幅変調（PWM）等なので電磁干渉（EMI）の対策は必要となる．ゲート駆動回路はプリ・ドライバとも呼ばれ，次段に接続される個別電力用半導体素子のハイサイド/ローサイド・ゲート端子等を制御する．動作する電圧や電流も小

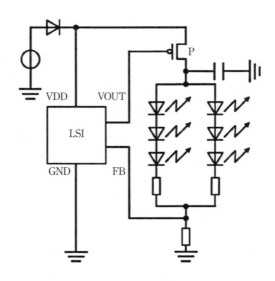

図2.6　LED駆動回路の構成

信号系とは何桁も異なり，例えば1,200V，300A等で負荷を駆動する．その系から発生する電磁干渉（EMI）は，前段の制御系よりも個別電力用半導体素子からの発生が支配的となる（図2.6 参照）．

(3) 音響回路

　代表的な製品としては，従来からある汎用差動演算増幅器，A級・AB級・B級・C級音響演算増幅器に加えて，断続（スイッチング）技術を使ったD級音響演算増幅器[26]等がある．(充)電池動作で長時間駆動が有利な回路や，動作時発熱の少ない回路としては，D級音響演算増幅器の採用される割合が大きい．動作としては，音響信号と3角波から矩形波を生成し，出力段の駆動回路を制御する．負荷はBTL（Bridged Transless）接続[27]される事で，電圧2倍・電力4倍が確保できる．この場合は出力最終段の高域通過濾波器は不要となる（図2.7 参照）．

　電磁干渉（EMI）としては，断続（スイッチング）技術を使用しているD級音響演算増幅器が対象となる．出力段の個別受動部品は低域通過濾波器として機能するので，チップ・ビーズ[28]等の対策と，電源端子の対策が主となる．近年の液晶テレビは画面寸法が巨大になりつつある．ステレオ・スピーカでは，各チャネル毎に近傍にD級音響演算増幅器を配置する事は稀で，画面下部中央に設置される事が多い．スピーカまでの配線は，各チャネルで数10センチから1メートル近くになる事もある．放射エミッション（RE）は，主にこの長い配線から輻射されてしまう．

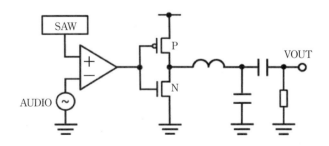

図2.7　D級音響演算増幅器の構成（ハーフ・ブリッジ）

❖第2章　半導体集積回路動作と電磁両立性特性

2－3　半導体集積回路の保護機能等

　半導体集積回路を使った製造過程の検査や完成後の製品で，予期しない動作状況となった場合でも，自らを保護する様々な機能が搭載されている．通常これらが動作する事は殆どなく，異常時にだけ働く機能である．障害が取り除かれると，自動復帰し通常動作を行う．これらの機能の概要と電磁両立性（EMC）について記述する．

(1) 温度検出（TSD：Thermal Shut Down）

　動作中の半導体集積回路の珪素片（シリコン・チップ）が異常な高温になると，動作を停止させて熱暴走や熱破壊する事を防止する．一般に古くから搭載されている機能で，150℃から190℃位で機能停止する設定とする．機能停止の解除温度は，ヒステリシス特性を持たせて80℃から120℃位の十分低い温度にしないと，実際の珪素片（シリコン・チップ）の温度が下がらないので注意を要する．温度に関して動作する回路構成ゆえ，電磁感受性（EMS）は比較的良好である．

(2) 過電流保護（OCP：Over Current Protection）

　一般に古くから搭載されている機能で，出力端子電流を検出する．電源線や接地線と誤短絡された場合や，過負荷で動作させた場合等に，破壊に至る様な過大出力電流とならない様に出力を停止させて自らを保護する．電流量を検出する回路構成ゆえ，電磁感受性（EMS）は比較的良好である．

(3) 過電圧保護（OVP：Over Voltage Protection）

　半導体集積回路の電源電圧が推奨動作電源電圧範囲[29]を超えて過大な電圧となった場合や，出力端子電圧が規定値以上になった場合に，動作を停止させて自らや出力端子が駆動している回路網等を保護する．電圧を検出しているので，良好な電磁感受性（EMS）を得るには，後述の対策等を必要とする．

(4) 減電圧保護（UVLO：Under Voltage Lock Out）

　半導体集積回路の電源電圧が推奨動作電源電圧範囲に至らず過少な電圧となった場合に，動作を停止させて誤動作を防止する．電圧を検出しているので，良好な電磁感受性（EMS）を得るには，後述の対策等を必

－ 34 －

要とする.

（5）出力短絡保護（OSP：Output Short Protection）

過電流検出と同様の意図で搭載されるが，電流ではなく出力端子の直流（DC）電圧を検出する．大電流を出力する回路では，1種の検波器だけで無く原理の異なる複数の検波器を搭載する事で異常時処理の機能信頼性を向上させる．最大出力振幅で動作している場合等は，周期毎に短絡検出されない様に時定数を持たせる等の回路的対策が必要である．電圧を検出しているので，良好な電磁感受性（EMS）を得るには，後述の対策等を必要とする．

（6）微小信号検出

外部より入力される信号の有無を検出する機能で，半導体集積回路内部で全波整流後に平滑した電圧値で判定される．微小電圧を検出しているので，良好な電磁感受性（EMS）を得るには，検波に必要な低雑音・高電圧利得が得られる差動演算増幅器と，後述の対策等を必要とする．

（7）リセット機能

マイコン等の製品では，パワー・オン・リセット（POR：Power On Reset）から動作開始する場合や，リセット機能を使用して再起動を行う．電圧を検出しているので，良好な電磁感受性（EMS）を得るには，後述の対策等を必要とする．特殊な例としては，リセット端子を2端子構成にする事で耐電磁感受性（EMS）を高める場合もある．

2−4 半導体集積回路の電磁両立性設計
(1) 耐電磁干渉設計

　半導体集積回路で断続（スイッチング）技術を使った信号処理では，必ずと言って良い程電磁干渉（EMI）が問題となる．断続（スイッチング）技術自体が原理的に電磁干渉（EMI）を起こす回路動作であるからである．半導体集積回路設計者がまず着手する電磁干渉（EMI）対策としては，スルーレート（Slew Rate）調整[30]がある．高次の高調波成分に関しては効果が見られるので，放射エミッション（RE）に対して有効である．しかしながら伝導エミッション（CE）に対しては殆ど効果が見られない（図2.8参照）．このような場合は時系列分割（マルチ・フェイズ）処理[31]や雑音波形の相殺（ノイズ・キャンセリング）[32]が有効である（図2.9参照）．また特定の周波数帯域への不要輻射を避ける回路技術として，断続（スイッチング）電源の原発振周波数 f_{osc} を微調整する事も行われる．車載電子機器用途の半導体集積回路では，一般的な1MHz付近から2MHz付近へ変更する事でAMラジオ放送帯[33]への電磁干渉（EMI）を回避する事が出来る．原発振周波数 f_{osc} の高周波化により，使用する個別受動部品も小型・軽量化が可能となり，今後主流になると思われる．

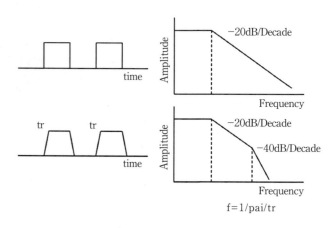

図2.8　矩形波とその周波数成分（立上り時間：tr）[6]

半導体集積回路内の回路技術による電磁干渉（EMI）対策は，集積できる受動素子の値が小さい為に万全ではない．その為に半導体集積回路外にも低域通過濾波器を接続する必要がある．良く見かけるのは，電源端子に容量素子だけが接続されたものである．元電源の送りのインピーダンスは理想的にはゼロで，実際にもゼロに近い値を示す．さらに消費電流が大きな半導体集積回路では，電源端子のインピーダンスもゼロでは無いものの，低インピーダンスとなる．従って容量素子だけでは，その遮断周波数 fc（Cutoff Frequency）は十分下がらずに，低域通過濾波器としての役目を果たさない．誘導素子や抵抗素子を挿入して本来の特性が得られる応用回路にするべきである．また T 型や π 型の濾波器とする事で，双方向の減衰量を得る事ができるので，電磁干渉（EMI）にも電磁感受性（EMS）にも効果的である（図 2.10 参照）．1 段で減衰しない

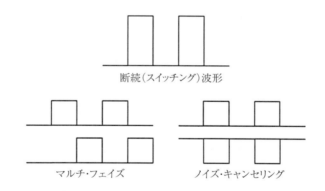

図 2.9　電磁干渉波形の処理（横軸：時間，縦軸：断続制御）

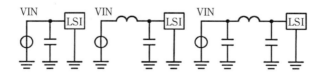

図 2.10　電源用低域通過濾波器の構成

電磁雑音に関しては，2段構成等とするとより良い結果を得る事が出来る．

(2) 耐電磁感受性設計

　半導体集積回路の保護回路で注意する形式として，電圧検波している回路がある．また保護機能が動作する周波数は，電磁両立性（EMC）の国際規格で試験される周波数よりも大幅に低い．従って被検波周波数帯域を制限し，検波電圧を大きく増幅し，検波時間を長く設定する事で，総合的に検波感度を低くして電磁感受性（EMS）を高める事が可能となる．具体的には，検出器前段や電源線の低域通過濾波器挿入，検出機能と時定数回路との組合せ，検出電圧幅の拡大，ヒステリシス特性，さらには検出機能制御（ON/OFF）等がある事が望ましい．但し，半導体集積回路内の電源線に低域通過濾波器や抵抗を挿入する事は問題ないが，接地線にそれらを挿入する事は行わない（図2.11参照）．

　半導体集積回路内にて基準電圧を作成する場合，基準をどこにするかによって電磁感受性（EMS）が大きく変化する．電源電圧が大きく変化する事によって，回路が破綻するような構成は避けるべきである．電源電圧を2分割する設定，電源電圧から一定電圧降下させた設定，接地か

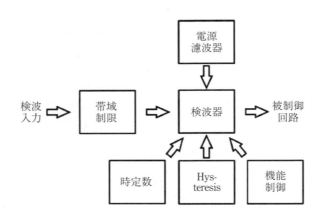

図2.11　半導体集積回路内の保護回路の構成

ら一定電圧上昇させた設定等，回路構成によって基準電圧源を使い分ける事が必要である．音響回路等の小信号系では2分割が，制御回路や検波回路では，接地から一定電圧を構成する方法が一般的である．電源電圧から一定電圧下降させる設定は稀である．半導体集積回路設計では，基準電圧はどこが最適か常に考慮する必要があり，電源電圧変動に過敏であると認識する（図 2.12 参照）．

　低消費電力回路設計を行う際，従来回路の構成をそのままに，電流値を下げる為に大きな抵抗を設定した場合や，各枝の電流値のみを減少させた場合は注意が必要である．理由としては各端子・各枝のインピーダンスが，大きく変化するからである．電磁感受性（EMS）において，高インピーダンス（Hi-Z）の状態は極力避けるべきである．例えば差動演算増幅器の入出力インピーダンスを計算する事で耐性の良し悪しが凡そ判断できる．アナログ回路で低消費電力化を行う際は，まず縦の電流（電源から接地へ流れる電流枝）の数を減らす事，さらに言及すれば差動演算増幅器等の回路構成要素の数，集積するトランジスタの数を減らす事である（図 2.13 参照）．各電流枝の値を削減する設定は，その後に行う．

　半導体集積回路内で最も古くから，また最も良く使用されている回路にバンドギャップ（Band Gap）電圧[34] BG を使った基準電圧源がある．実はこの回路形式も電磁感受性（EMS）に対して完全な耐性がある回路ではない．電磁両立性（EMC）の国際規格を試験すると，半導体集積回路の電源電圧変動が予想外に大きい事がわかる．その電圧変化によって

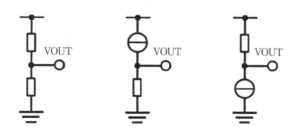

図 2.12　半導体集積回路内の基準電圧の構成

回路素子が飽和してしまう場合や，遮断してしまう場合が発生するからである．回路設計する際には，ツェナ（定電圧）・ダイオード[35]を使った基準電圧源が可能であれば積極的に使う事を推奨する．物理物性で決まった電気的特性は過大な電源電圧変動に対しても，良好な耐性を示す（図2.14 参照）[36]．

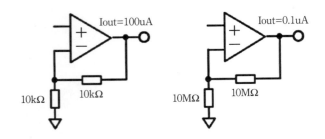

図2.13　一般的な差動演算増幅器（左），極端に低消費電力化した差動演算増幅器（右）

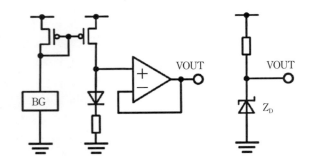

図2.14　一般的な半導体集積回路内の基準電圧源（左），電磁感受性の良好な基準電圧源（右）[36]

２－５　半導体集積回路の代表的な電磁両立性国際規格

　電磁両立性（EMC）の国際規格の大半は，製品用の試験規格である．その中で半導体集積回路専用の試験規格としては，主として下記の規格がある．伝導エミッション（CE）と伝導イミュニティ（CI：Conducted Immunity）を，半導体集積回路の端子毎に測定・規格判定する．実用的には電源端子を測定する事が多く，状況によって信号端子や接地端子も測定する．

(1) IEC 61967-4（1Ω /150Ω法，VDE 法）[37]

　国際電気標準会議（IEC：International Electrotechnical Commission）[38] の伝導エミッション（CE）の測定規格で，VDE（Verband der Electrotecnik）法（独逸電気協会）[39] とも言われる．接地端子は 1Ω 法で，電源端子・信号端子等は 150Ω 法で測定する．試験周波数は 150KHz 〜 1GHz，測定量は端子電圧（dBuV）で適合判定する．欧州では広く採用されている試験方法であるが，消費電流の多い半導体集積回路で 1Ω は動作に影響を与える場合があるので注意を要する（図 2.15 参照）．

(2) IEC 62132-4（DPI 法）[41]

　国際電気標準会議（IEC）の伝導イミュニティ（CI）の測定規格で，電源端子等に容量結合で電磁雑音を印加して半導体集積回路の誤動作を測定する．上試験規格と同様に，欧州を中心に広く採用されている．誤動作を判定する端子と，誤動作の判定基準を明確にする必要がある．試験周波数は 150KHz 〜 1GHz（278 周波数），測定量は誤動作が発生した時の進行波電力（dBm）で適合判定する．前述の 1Ω/150Ω 法も含めて，測定再現性は比較的高い試験方法である（図 2.16 参照）．

− 41 −

❖第2章　半導体集積回路動作と電磁両立性特性

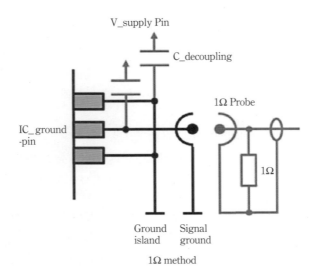

図 2.15　半導体集積回路の伝導エミッション（CE）測定回路例（IEC 61967-4）[40]

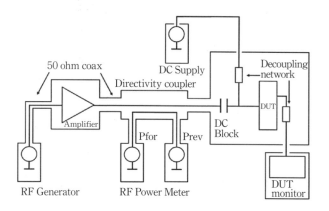

図 2.16 半導体集積回路の伝導イミュニティ（CI）測定回路例（IEC 62132-4）[42]

参考文献

1) 松田順一, "パワー MOSFET の特性," 群馬大学, 61 pages, 2015 年 3 月 2 日.

2) "NE ハンドブックシリーズ　パワー半導体," 日経 BP 社発行, 33 pages, 2012.

3) 齊藤渉, "Si 基板上 GaN-HEMT のコプラス抑制," 第 8 回窒化物半導体応用研究会, 東芝セミコンダクタ社, 27 pages, 2010 年 6 月 24 日.

4) 谷口研二, 松岡俊匡, "量子デバイス工学⑦," 大阪大学オープンコースウエア, 高周波集積回路設計講義資料, Spring term, 2005. http://ocw.osaka-u.ac.jp/engineering-jp/rf-integrated-circuit-design-jp/lecture-note-jp.

5) "格子欠陥の熱力学：点欠陥," 鹿児島大学理工学研究科機械工学専攻, 20 pages, 2007.

6) 鈴木茂夫著, "EMC と基礎技術," 工学図書株式会社, ISBN4-7692-0349-7.

7) "ダイオード中小型編：素子の特徴," 株式会社東芝, 8 pages, 2009-09-30 (BFJ0048A).

8) "ディスクリート・モジュール事業ハイライト," ROHM Group Innovation Report, 3 pages, 2015.

9) "SiC パワーデバイスの開発動向," ローム株式会社, 30 pages, 2012.

10) "NJM4560, 2 回路入り汎用オペアンプ," 新日本無線株式会社, 4 pages, 2006.

11) "2008/2009 POWER SUPPLY 電源の用語," 長野日本無線株式会社, 5 pages, 2008.

12) 藤野毅, "半導体工学（12）MOS 電界効果トランジスタ（2）," 立命館大学電子情報デザイン学科,
17 pages, 2005.

13) "ロードロップアウト（LDO）レギュレータ IC," 東芝半導体アプリケーションノート, Rev.1.1, SSL0001-ANJ, 2012-04-20.

14) "電源テクニカル・ハンドブック," TDK ラムダ株式会社, TDK 株式会社, 第 2 版 1 冊発行, 135pages, Mar. 30, 2016.

15) ローム株式会社 ホームページ, http://micro. rohm. com/jp/techweb/

knowledge/dcdc/dcdc_sr/dcdc_sr01/897

16）佐藤智典，"EMC とは何か," 株式会社 e・オータマ，16 pages, Oct. 2013.

17）"EMI フィルタ," MITSUBISHI MATERIAL CORPORATION, 16 pages, 2011.

18）吉野真，"ノイズを反射，吸収するビーズ," TDK EMC Technology 製品編，TDK 株式会社，3pages, 2011.

19）"4.1 コモンモードチョークコイル," 村田製作所，pp. 26-30, 2002.

20）前川智哉，山田徹，"アンテナ経由の機器内電磁干渉問題に対応した設計手法の開発," Panasonic Technical Journal, pp. 51-56, Vol. 56 No. 1, Apr. 2010.

21）ローム株式会社 ホームページ，
http://www.rohm.co.jp/web/japan/search/parametric/-/search/LED%20Drivers

22）ローム株式会社 ホームページ，
http://www.rohm.co.jp/web/japan/groups/-/group/groupname/Display%20Drivers

23）ローム株式会社 ホームページ，
http://www.rohm.co.jp/web/japan/groups/-/group/groupname/Motor%20~%20Actuator%20Drivers

24）ローム株式会社 ホームページ，
http://www.rohm.co.jp/web/japan/search/parametric/-/search/Gate%20Drivers

25）"LM3406, LM3409," Texas Instruments Incorporated, Literature Number: JAJA417, 10 pages, 2011.

26）ローム株式会社 ホームページ，
http://www.rohm.co.jp/web/japan/search/parametric/-/search/Speaker%20Amplifiers

27）"オーディオ・アンプのゲインを計算する," 参考資料，Application Report，Texas Instruments incorporated, JAJA137, SLOA105A 翻訳版，9 pages, 2010.

28）株式会社村田製作所 ホームページ，

❖第2章　半導体集積回路動作と電磁両立性特性

http://www.murata.com/ja-jp/products/EMC/EMIfil/bl

29）ローム株式会社 ホームページ，
　　http://micro.rohm.com/jp/techweb/knowledge/dcdc/dcdc_sr/dcdc_sr01/1091

30）"LT1683, スルーレートが制御された超低ノイズ・プッシュプル DC/
　　DC コントローラ," Linear Technology, 26 pages, 2011.

31）Maxim Integrated Products, "MAX8686, Single/Multiphase, Step-Down,
　　DC-DC Converter Delivers Up to 25A Per Phase," MAXIM Integrated, 23
　　pages, 19-4113; Rev 1; 10/10, 2010.

32）公開特許公報（A），"スイッチング電源装置," ローム株式会社，特
　　開 2012-170215（P2012-170215A），平成 24 年 9 月 6 日（2012.9.6）公開.

33）"AM 放送局・地方別周波数一覧（周波数昇順・中継局含む），"
　　http://www.geocities.co.jp/SiliconValley-PaloAlto/1737/radio/am_freq.html

34）小林春夫，麻殖生健二，"アナログ集積回路　基本回路（3），" 群馬
　　大学工学部電気電子工学科，集積回路システム工学講義資料，105
　　pages, 2009.

35）ローム株式会社 ホームページ，
　　http://www.rohm.co.jp/web/japan/search/parametric/-/search/
　　Zener%20Diodes

36）公開特許公報（A），"半導体集積回路," ローム株式会社，特開
　　2015-7970（P2015-7970A），平成 27 年 1 月 15 日（2015.1.15）公開.

37）IEC homepage, https://webstore.iec.ch/publication/6190

38）IEC homepage, http://www.iec.ch/

39）中村篤，"半導体の EMI 測定とその活用法," エレクトロニクス実装
　　学会誌，pp. 344-351, Vol.7 No.4, 2004.

40）"Generic IC EMC Test Specification," Version 1.0, 70 pages, 06. July 2004.

41）IEC homepage, https://webstore.iec.ch/publication/6510

42）Günther Auderer, "High Frequency conducted Power Injection, an
　　alternative Measurement Methodology to IEC 62132-4（DPI-Method）to test
　　Robustness of VLSIs," Freescale Halbleiter Gmbh Deutschland, 81829
　　München, 6 pages, 2006.

第3章
用途別半導体集積回路の
電磁両立性設計（1）

Abstract

　現在量産されている半導体集積回路（LSI：Large Scale Integrated Circuit）各製品において，電磁両立性（EMC：Electromagnetic Compatibility）設計が多くの製品に施され，回路記述や技術記載等が公開されている．第3章と第4章では，半導体製造会社各社製品のこれら仕様書や技術文献を元に，その電磁両立性特性を考察する．更に，それらの極めて優れた特性を得る為の，電磁両立性設計の本質的な概念・概要等を把握する．

第3章では，半導体集積回路の種々の電源製品を考察する．大きくは断続（スイッチング）電源，電荷移動（チャージ・ポンプ）電源，低飽和型リニア電源（LDO：Low Drop Out 電源），相補型プッシュプル電源の4種に分類される．半導体集積回路内の電磁両立性設計例，PCB基板上の電磁両立性設計例の，その技法・手法等を解説する．

3－1　断続（スイッチング）電源の電磁両立性設計

（1）半導体集積回路製品例　テキサス・インスツルメンツ社[1]

現在，流通している電源回路製品で最も多用されている断続（スイッチング）電源の製品例として，テキサス・インスツルメンツ社[1]の製品 LM26001[1]を例に挙げる．公開されている製品仕様書[1]より，その製品概要[1]（表3.1 参照），その応用回路図[1]と内部ブロック図[1]（図3.1 参照），その電源端子低域通過濾波器（LPF：Low Pass Filter）の回路図例[2]（図3.2参照）を示す．

半導体集積回路設計上の特徴としては，製品仕様書[1]にその詳細な動作説明や様々な注意事項に言及している．例えば，断続（スイッチング）動作による雑音発生と PCB 基板の寄生素子 $L \cdot di/dt$ との依存関係，断続（スイッチング）雑音から電流動作時の電流検出回路への影響，スペクトル雑音の増大につながるデューティ周期ジッタの対策，更にジッタ残留分を最小限に減らす対策等である[1]．これらを一読するだけでも，当該製品回路に関する相当な技術的理解を，容易に誰もが得る事が出来る．

表 3.1　断続（スイッチング）電源 LM26001[1] の概要

半導体集積回路製品名	LM26001/-Q1[1]
半導体製造会社名	テキサス・インスツルメンツ社（旧ナショナル・セミコンダクタ社製品）[1]
製品機能	高効率スリープ・モード機能内蔵 1.5A 降圧スイッチング・レギュレータ
代表的電気的特性	入力電圧 Vin: 4-38V, 出力電圧 Vout: 3.3V/5V, 出力電流 Iout: 1.5A
断続（スイッチング）周波数	150KHz-500KHz
樹脂封止品（パッケージ）型式	HTSSOP 16pin
電磁両立性最適設計基準	PMP9397[3]
電磁両立性規格適合試験	CISPR25 規格[4]Class5, 電圧プローブ法（伝導エミッション）

－ 49 －

❖第3章 用途別半導体集積回路の電磁両立性設計(1)

一方,PCB基板設計上の特徴としては,伝導エミッション(CE: Conducted Emission)特性を考慮した車載用設計基準(リファレンス・デザイン)PMP9397[3]が開発されている．最も対策効果のある電源端子低域通過濾波器の回路図例[2]や使用部品選定,更にはPCB基板の推奨図面などを提供し,事前にCISPR25規格[4]Class5の電磁両立性規格適合試験を完了している．特性を確認する為に電源端子低域通過濾波器の回路図例[2](図3.2参照)を示し,凡そのSPICEモデルを使用して周波数特性(図3.3参照)を求めた(全ての部品を特定できない為,計算結果には誤

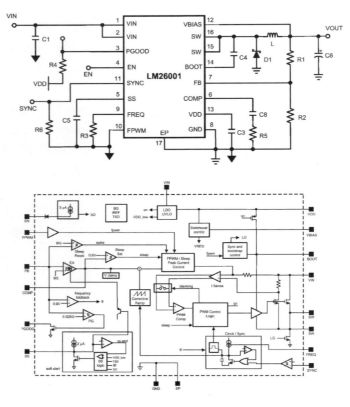

図3.1 応用回路図(上)[1]と内部ブロック図(下)[1]

− 50 −

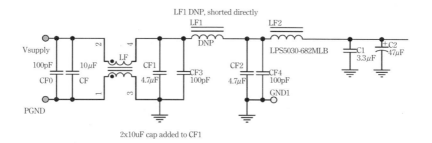

図 3.2 電源端子低域通過濾波器の回路図例 [2]

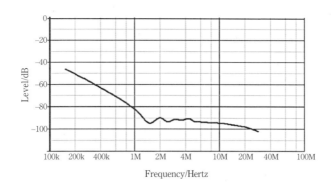

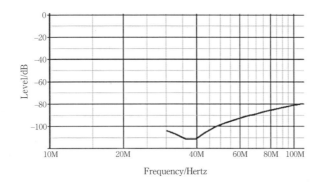

図 3.3 電源端子低域通過濾波器の周波数特性計算例

❖第3章　用途別半導体集積回路の電磁両立性設計（1）

差を含む）．150KHz-30MHz の帯域では 1.5MHz 以上で約 90dB の減衰量，30MHz-108MHz の帯域では約 80dB から 110dB の減衰量である．又初期からコモン・モード・チョーク（CMC：Common Mode Choke）の使用を前提としているので，放射エミッション（RE：Radiated Emission）特性に関しても，その効果が大きく期待出来る．この様に伝導エミッション（CE）特性に対しても，放射エミッション（RE）特性に対しても，電磁雑音を減衰させる強力な低域通過濾波器を用いる事が何よりも的確で，且つ最大の効果を得る事が出来る．これらの電磁両立性設計は，他製品の設計基準（リファレンス・デザイン）としても十分に応用・参照が効く内容と言える．CISPR25 規格 [4] Class5 の電磁両立性規格適合試験に対しては，十分な余裕を持つ事ができており，更には AEC-Q100 規格 [5] グレード 1（温度特性）にも準拠している．参考の為，LM26001 [1] の伝導エミッション（CE）特性の尖頭値検波 [3]（図 3.4 参照）と平均値検波 [3]（図 3.5 参照）の優れた特性を各々示す．

　顧客はこれらの情報を得る事で，製品設計をより最適とする事が出来る．換言すれば製品仕様書 [1] や設計基準（リファレンス・デザイン）[3] を参照する事によって，電磁両立性設計の完成度を高めた上で尚且つ，製品設計時間の短縮や開発作業量を軽減出来る等の大きな利点を得る．

（2）半導体集積回路製品例　リニア・テクノロジ社 [6]

　同様に，断続（スイッチング）電源の製品例として，リニア・テクノロジ社 [6] の製品 LT8614 [6] を例に挙げる．公開されている製品仕様書 [6] より，その製品概要 [6]（表 3.2 参照），その応用回路図 [6] と内部ブロック図 [6]（図 3.6 参照），その電源端子低域通過濾波器の回路図例 [6]（図 3.7 参照）を示す．

　半導体集積回路設計上の特徴としては，リニア・テクノロジ社 [6] 独自の Silent Switcher 構造 [7] を備えた降圧電源である．放射エミッション（RE）特性を最小限に抑えながら，最大 3MHz の断続（スイッチング）周波数で高効率が実現出来る．大きな過渡電流が流れる 1 回路だけでは放射エミッション（RE）特性が悪化するところを，電源回路を 2 回路に分離し等量の大電流が流れる様に新設計する．磁界を各々意図的に逆方向に発

－ 52 －

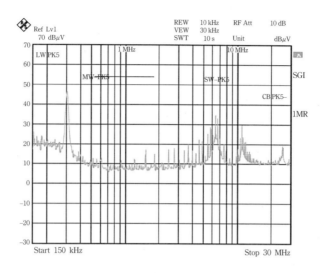

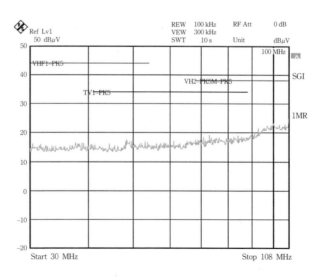

図 3.4 伝導エミッション (CE) 特性 尖頭値検波 150KHz-30MHz (上)[3] と 30MHz-108MHz (下)[3]

❖第3章 用途別半導体集積回路の電磁両立性設計（1）

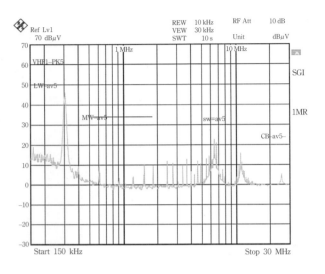

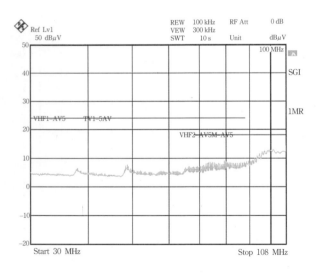

図3.5 伝導エミッション（CE）特性 平均値検波 150KHz-30MHz（上）[3] と 30MHz-108MHz（下）[3]

表3.2 断続（スイッチング）電源 LT8614[6] の概要

半導体集積回路製品名	LT8614[6]
半導体製造会社名	リニア・テクノロジ社[6]
製品機能	静止電流が 2.5uA の 42V, 4A 同期整流式 降圧 Silent Switcher[7]
代表的電気的特性	入力電圧 Vin: 3.4-42V, 出力電圧 Vout: 3.3V/5V, 出力電流 Iout: 4A
断続（スイッチング）周波数	200KHz-3MHz
樹脂封止品（パッケージ）型式	QFN 18pin
電磁両立性規格適合試験	CISPR25 規格[4] Class5, ALSE (Absorber Lined Shielded Enclosure) 法（放射エミッション）

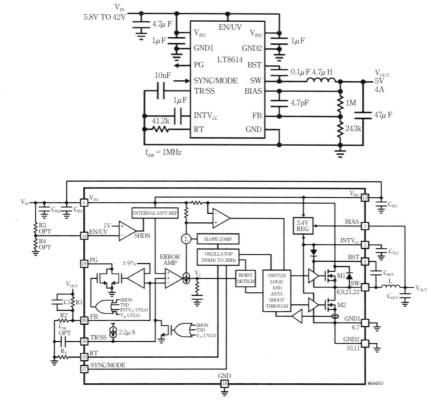

図3.6 応用回路図（上）[6] と内部ブロック図（下）[6]

- 55 -

生させる事で，巨視的に見れば磁気経路が相殺（ノイズ・キャンセリング）され，放射エミッション（RE）特性が改善する．具体的には，半導体集積回路の樹脂封止品（パッケージ）端子配置，PCB 基板上の部品配置，PCB 基板の配線を更新する．

半導体集積回路側では，断続（スイッチング）端子 SW，入力電圧 VIN，接地 GND の各端子を樹脂封止品（パッケージ）の左右対称に配置し，大電流が流れる電流経路（ホット・ループ）を左右対称とする[8)9)]．注目すべきは対策の為の追加素子が殆ど無く，回路規模が変わっていない事である．製造価格を上昇させずに電磁両立性設計を実施する．PCB 基板側では，上記を受けて該当端子周辺の配置と配線を完全に左右対称とする事で，総合的な磁界の発生をも最小限にするという発想である．尚，製品仕様書[6)]には本技術に関する PCB 基板の推奨図面も掲載している．

一般的に，2 回路の位相を逆相接続して雑音波形を相殺（ノイズ・キャンセリング）する方法は，音響製品等で外部雑音を消す技術として広く知られている．1 回路目は外部からの低減したい雑音，2 回路目は音響製品内で生成する外部雑音の逆相成分であり，それらを加算する事でその影響を最小限としている．この考え方を内向きに発想させて，1 回路の場合でも逆相成分を既存の回路から分割・生成して相殺し，量産化に至る製品品質まで完成させている事はとても斬新である．しかも半導体集積回路内で行った本技術の改善効果は，現時点でも最大 25dB にも及ぶと言う．スペクトラム拡散技術（Spread Spectrum Technology）[10)]を

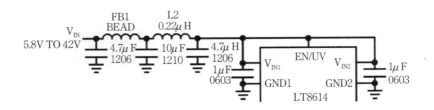

図 3.7　電源端子低域通過濾波器の回路図例[6)]

使っても，減衰効果が最大 20dB 程度である事を考慮すると，まさに驚異的な特性である．

一方，PCB 基板設計上の特徴としては，Silent Switcher 構造[7]に加えて，強力な低域通過濾波器の使用も推奨している．特性を確認する為に電源端子低域通過濾波器（LC（誘導素子と容量素子）構成 5 次）の回路図例[6]（図 3.7 参照）を示し，凡その SPICE モデルを使用して周波数特性（図 3.8 参照）を求めた（全ての部品を特定できない為，計算結果には誤差を含む）．10MHz-1GHz 間の減衰量は約 140dB から 100dB 弱で，上記の構造と相まって，その出力振幅は 4A（アンペア）もの電流出力時でも，ほぼ雑音振幅と同等となる．参考の為，LT8614[6]の放射エミッション（RE）特性の尖頭値検波（垂直）[6]（図 3.9 参照）と尖頭値検波（水平）[6]（図 3.10 参照）の極めて優れた特性を示す．CISPR25 規格[4] Class5 の電磁両立性規格適合試験にも余裕を持って準拠している．

雑音波形の相殺（ノイズ・キャンセリング）技術は，回路的にも図面的にも完全な対象回路とする事で，その改善効果を十二分に発揮する．

(3) 半導体集積回路製品例　ローム㈱[11]

もう 1 機種，断続（スイッチング）電源の製品例として，弊社の製品 BD90640[11]を例に挙げる．公開されている製品仕様書[11]より，その製品

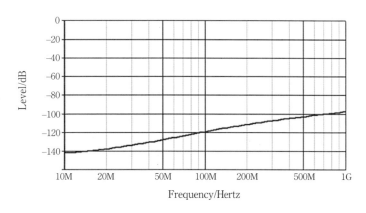

図 3.8　電源端子低域通過濾波器の周波数特性計算例

❖第3章 用途別半導体集積回路の電磁両立性設計（1）

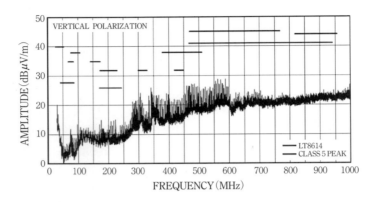

図3.9 放射エミッション（RE）特性 尖頭値検波（垂直）- 1,000MHz[6]

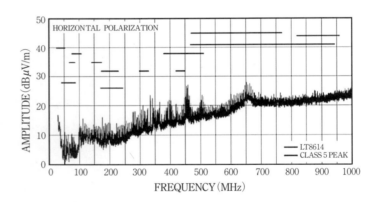

図3.10 放射エミッション（RE）特性 尖頭値検波（水平）- 1,000MHz[6]

概要[11]（表3.3参照），その応用回路図[11]と内部ブロック図[11]（図3.11参照），その電源端子低域通過濾波器の回路図例[12]（図3.12参照）を示す．

　半導体集積回路設計上の特徴としては，設計した回路や機能が正しく御使用頂ける様，又最高の性能で御使用頂ける様，製品仕様書[11]にその詳細な動作説明や様々な注意事項に言及している点である．例えば，外付け抵抗による断続（スイッチング）周波数の設定方法，外部クロックとの同期動作の設定方法等である．又，個別受動部品の選定や種々の

表3.3 断続（スイッチング）電源 BD90640[11] の概要

半導体集積回路製品名	BD90640[11]
半導体製造会社名	ローム（株）[11]
製品機能	入力電圧 3.5V-36V, 出力スイッチ電流 4A/2.5A/1.25A, 1ch 降圧スイッチング・レギュレータ
代表的電気的特性	入力電圧 Vin: 3.5-36V, 出力電圧 Vout: 0.8V - Vin, 出力電流 Iout: 4A
断続（スイッチング）周波数	50KHz-600KHz
樹脂封止品（パッケージ）型式	HTSOP 8pin
電磁両立性規格適合試験	CISPR25 規格[4] Class5 電圧プローブ法（伝導エミッション）

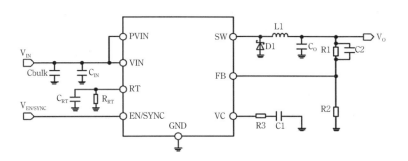

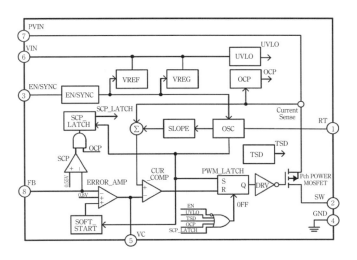

図 3.11 応用回路図（上）[11] と内部ブロック図（下）[11]

❖ 第3章　用途別半導体集積回路の電磁両立性設計（1）

計算等についても詳細な説明が記載されている事も特徴である．
　一方，PCB 基板設計上の特徴としては，特性を確認する為に電源端子低域通過濾波器の回路図例[12]（図 3.12 参照）を示し，凡そのSPICE モデルを使用して周波数特性（図 3.13 参照）を求めた（全ての部品を特定できない為，計算結果には誤差を含む）．150KHz-108MHz の帯域では約 80dB から 130dB の減衰量であり，CISPR25 規格[4] Class5 の電磁両立性規格適合試験に対しては，高周波側で若干余裕がないものの準拠する．使用する誘導素子の数や，個別受動部品の合計数も極力少なく設定しながら伝導エミッション（CE）特性の性能が確保出来る．又 AEC-Q100 規格[5] グレード 1（温度特性）にも準拠している．参考の為，BD90640[11] の伝導エミッション（CE）特性の尖頭値検波[12]と平均値検波[12]の特性（図

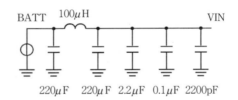

図 3.12　電源端子低域通過濾波器の回路図例[12]

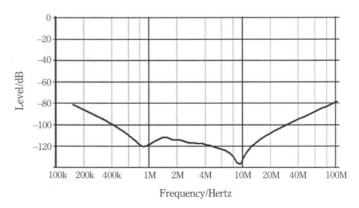

図 3.13　電源端子低域通過濾波器の周波数特性計算例

3.14 参照) を示す.

　これらの情報を元に電磁両立性に必要な特性を，一意的に構成する事が可能である．顧客の設計負荷を極力削減出来る様，又なるべく汎用的な部品で且つその使用個数を減らす事で，車載製品等の信頼性向上と製造原価削減にも貢献出来ると考える．

　最後になるが一般論として，降圧（入力電圧よりも出力電圧が小さい場合）の断続（スイッチング）電源に関しては，各社各様に電磁干渉（EMI：Electromagnetic Interference, Emission）が低減する様特徴ある回路を設計している．電源入力端子側に低域通過濾波器を対策回路としているのは，電磁両立性規格適合試験（主に伝導系）が電源入力側で測定すると言う事もあるが，負荷側がLC（誘導素子と容量素子）の2次低域通過濾波器となっている事も大きく影響する．

　一方，昇圧（入力電圧よりも出力電圧が大きい場合）や昇降圧（入力電圧によらず出力電圧を設定，主に昇圧時）の断続（スイッチング）電源に関しては，負荷側は低域通過濾波器の構成では無い為，電磁干渉（EMI）対策部品等（比較的大きな対策部品となる）を必要とする事も，重要な一認識である．

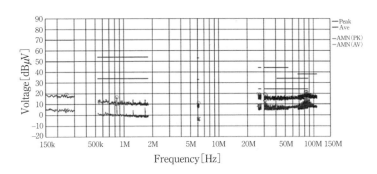

図 3.14　伝導エミッション（CE）特性 尖頭値検波（PK）と平均値検波（AV）150KHz-108MHz[12]

❖第3章　用途別半導体集積回路の電磁両立性設計(1)

３－２　電荷移動（チャージ・ポンプ）電源の電磁両立性設計

(1) 半導体集積回路製品例　リニア・テクノロジ社[13]

　現在，流通している電源回路製品で多用されている電荷移動（チャージ・ポンプ）電源の製品例として，リニア・テクノロジ社[13]の製品LTC3245[13]を例に挙げる．公開されている製品仕様書[13]より，その製品概要[13]（表3.4参照），その応用回路図[13]と内部ブロック図[13]（図3.15参照）を示す．

　半導体集積回路設計上の特徴としては，断続（スイッチング）波形の立上り時間 tr /立下り時間 tf を抑制する独自の固定周波数構造を採用する事により，従来の断続（スイッチング）電源よりも伝導性雑音及び放射性雑音を低減出来る点にある[13]．

　一般的に電荷移動（チャージ・ポンプ）電源は，断続（スイッチング）電源と比較すると電磁干渉（EMI）が小さいとされている．しかしながら断続（スイッチング）周波数の高調波成分が皆無という訳では無く，伝導エミッション（CE）特性や放射エミッション（RE）特性に注意を要する．リニア・テクノロジ社[13]では以前より雑音低減に取り組んでおり，電荷移動（チャージ・ポンプ）電源についても雑音波形の相殺（ノイズ・キャンセリング）技術を製品に導入済みである．公開されている技術資料によると，切替動作の時間を逆にした２つの回路の出力を合成する事で，入出力脈流（リップル）が減少すると共に，大きな出力電流を得る

表3.4　電荷移動（チャージ・ポンプ）電源LTC3245[13]の概要

半導体集積回路製品名	LTC3245[13]
半導体製造会社名	リニア・テクノロジ社[13]
製品機能	入力電圧範囲の広い低ノイズの 250mA 昇降圧チャージポンプ
代表的電気的特性	入力電圧 Vin: 2.7-38V, 出力電圧 Vout: 3.3/5V/2.5-5V, 出力電流 Iout: 250mA
断続（スイッチング）周波数	450KHz
樹脂封止品（パッケージ）型式	MSOP 12pin
電磁両立性規格適合試験	CISPR22 規格 [16] ClassB 10meters 法（放射エミッション）CISPR25 規格 [4] Class3 ALSE（Absorber-Lined Shielded Enclosure）法（放射エミッション）

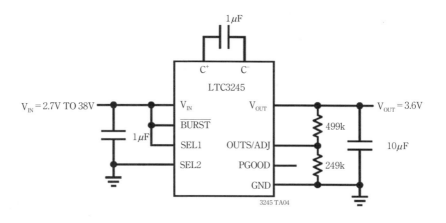

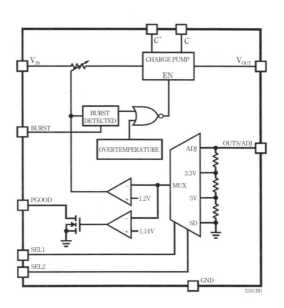

図 3.15　応用回路図（上）[13] と内部ブロック図（下）[13]

❖第3章　用途別半導体集積回路の電磁両立性設計(1)

事が可能であるとしている[14].

　LTC3245[13]の回路設計としては，上記が適用されているかの記載は無いが，顧客は高効率の間欠（バースト）動作又は低雑音動作の一方を選択する事が出来る．間欠（バースト）動作は低静止電流を特長としているので，軽負荷駆動時の効率が高くなる．低雑音動作では，軽負荷時の効率と引き換えに軽負荷時の出力脈流（リップル）を低くしている[13].

　一方，PCB基板設計上の特徴としては，断続（スイッチング）電源の様に誘導素子を必要とせず（大きな特徴），又個別受動部品の素子数が多い電源端子低域通過濾波器も必要としない．更に12V（ボルト）電源から5V（ボルト），100mA（ミリアンペア）を供給する場合，80%（パーセント）の効率を達成する．低飽和型リニア電源（LDO電源）よりも効率が大幅に高いので，比較した場合は低飽和型リニア電源（LDO電源）に用いる放熱器の基板面積や，部品価格等が削減出来る利点がある．A（アンペア）単位の大電流を必要としないのであれば，電荷移動（チャージ・ポンプ）電源は，高効率と電磁両立性特性の背反する現象を満足出来る回路形式である．

　参考の為，LTC3245[13]の極めて優れた放射エミッション（RE）特性である CISPR22 規格（尖頭値検波）[15]と CISPR25 規格（尖頭値検波）[15]の電磁両立性規格適合試験の特性（図3.16参照）を示す．適正な電源容量接続（デカップリング）さえ行えば，伝導性雑音や放射性雑音の電磁両立性規格に準拠させる事に，何の障壁も無いと言う[15].

－ 64 －

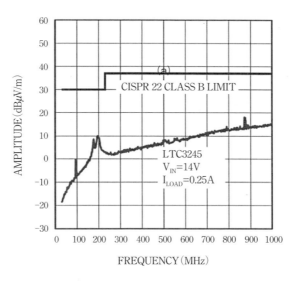

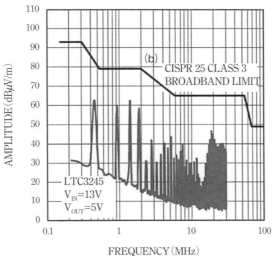

図 3.16 放射エミッション (RE) 特性
CISPR22 規格 (尖頭値検波) - 1,000MHz[15] と CISPR25 規格 (尖頭値検波) - 30MHz[15]

❖第3章　用途別半導体集積回路の電磁両立性設計（1）

3－3　低飽和型リニア電源（LDO 電源）の電磁両立性設計

(1) 半導体集積回路製品例　アナログ・デバイセズ社 [17]

　現在，流通している電源回路製品で最も多用されている低飽和型リニア電源（LDO 電源）の製品例として，アナログ・デバイセズ社 [17] の製品ADP1740 [17] を例に挙げる．公開されている製品仕様書 [17] より，その製品概要 [17]（表 3.5 参照），その応用回路図 [17] と内部ブロック図 [17]（図 3.17 参照）を示す．

　半導体集積回路設計上の特徴としては，断続（スイッチング）電源や電荷移動（チャージ・ポンプ）電源の様に，電磁干渉（EMI）起因の伝導エミッション（CE）特性や放射エミッション（RE）特性による不具合発生の無い事が大きな利点である．電磁雑音を全く出さない回路ゆえ，大変簡単に且つ安全に使う事が出来る．量産されている電源製品の中には，断続（スイッチング）電源の後段に，低飽和型リニア電源（LDO 電源）を接続している機種もあり，効率をなるべく落とさずに伝導エミッション（CE）特性や放射エミッション（RE）特性を改善している．但し，電磁感受性（EMS：Electromagnetic Susceptibility, Immunity）に関しては若干の注意が必要である．第 2 章で解説した様に，電磁雑音等による出力端子への流入電流（Sink Current）が発生した時，出力電圧が設定電圧よりも大幅に上昇する異常動作を招く可能性がある．この現象を回避する為には，出力段への容量素子接続や，流出電流（Source Current）設定等を行う事が有効である．更に低飽和型リニア電源（LDO 電源）の，電源電圧変動除去比（PSRR：Power Supply Rejection Ratio）[18] を改善する事で，

表 3.5　低飽和型リニア電源（LDO 電源）ADP1740 [17] の概要

半導体集積回路製品名	ADP1740 [17]
半導体製造会社名	アナログ・デバイセズ社 [17]
製品機能	低ドロップアウト・リニア・レギュレータ, 2A
代表的電気的特性	入力電圧 Vin: 1.6-3.6V, 出力電圧 Vout: 0.75-2.5V, 出力電流 Iout: 2A
樹脂封止品（パッケージ）型式	CSP 16pin
電磁両立性規格適合検証	電源電圧変動除去比 PSRR（Power Supply Rejection Ratio）[18] で代用

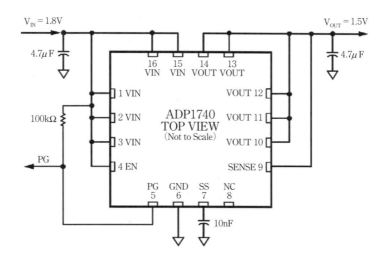

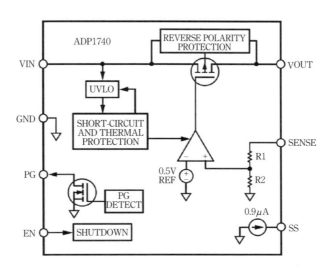

図 3.17 応用回路図（上）[17] と内部ブロック図（下）[17]

❖第3章 用途別半導体集積回路の電磁両立性設計（1）

電源端子に混入する電磁雑音等の影響を軽減出来る．特に，直流から制
御経路の単一利得（ユニティ・ゲイン）周波数（電圧利得が 0dB となる
周波数）までの電源電圧変動除去比（PSRR）[18]は，低飽和型リニア電源
（LDO 電源）の開ループ利得（オープン・ループ・ゲイン，無帰還時の
裸利得）によって設定されるが，単一利得（ユニティ・ゲイン）周波数
を超える帯域の電圧変動除去比（PSRR）[18]は，帰還経路による影響を受
けないと言う特徴がある．従って後者では，出力容量及び入力から出力
端子までの漏洩（リーク）電流経路を，適切に設計する事で電源電圧変
動除去比（PSRR）[18]も改善する事が技術文書[19]に記載されている．又，
低飽和型リニア電源（LDO 電源）に関する一般的な技術内容について
も，技術文書が公開されている[20]．

　PCB 基板設計上の特徴としては，前述の様に電源入力端子や出力端子
に容量接続等を行う事である．参考の為，ADP1740[17]の電源電圧変動除
去比（PSRR）[18]の特性（図 3.18 参照）を示す．10Hz-10MHz の広帯域にお
いて，極めて優れた特性を示している．

　低飽和型リニア電源（LDO 電源）は，入力電圧と出力電圧が接近して
いる場合に有効である（例えば入力電圧 1.8V（ボルト），出力電圧 1.5V
（ボルト）の場合等）．出力段が PMOS（もしくは PNP）1 個で駆動してい
る為，この様な厳しい条件でも動作が可能な回路形式である．しかしな
がら入出力電圧差がある程度確保出来る場合（例えば入力電圧 9V（ボル
ト），出力電圧 5V（ボルト）の場合等）は，3 － 4 節の相補型プッシュプ
ル電源が流入電流（Sink Current），流出電流（Source Current）共に供給能
力がある為，更に汎用的に使用出来る電源型式となる（PMOS と NMOS
もしくは PNP と NPN のプッシュプル駆動を行う）．

　低飽和型リニア電源（LDO 電源）と良く似た製品で 7805 や 7812 で知
られる 3 端子電源（シリーズ電源）は，流出電流（Source Current）用の
素子として NPN1 個で構成されている．ベース・エミッタ間電圧 V_{BE}（V_F）
が必要な為，入出力電圧差が必要な場合の用途となるが，低飽和型リニ
ア電源（LDO 電源）の PNP や PMOS と比べると，電流駆動能力は 3 倍
～ 4 倍程度高くなる（出力段素子の単位面積当たりの比較として）．

－ 68 －

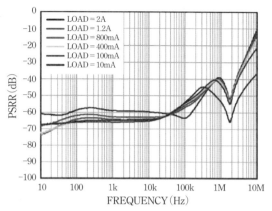

Power Supply Rejection Ratio vs.Frequency,
$V_{OUT}=0.75V, V_{IN}=1.75V$

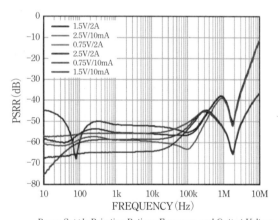

Power Supply Rejection Ratio vs.Frequency and Output Voltage

図 3.18　電源電圧変動除去比（PSRR）出力電圧 0.75V 時（上）[17] と各電圧電流時（下）[17]

3-4 相補型プッシュプル電源の電磁両立性設計
(1) 半導体集積回路製品例　新日本無線㈱[21]

　従来から，流通している電源回路製品で多用されている相補型プッシュプル電源の製品例として，新日本無線㈱[21]の製品 NJM2342[21] を例に挙げる．公開されている製品仕様書[21]より，その製品概要[21]（表3.6 参照），その応用回路図[21]と内部ブロック図[21]（図3.19 参照）を示す．

　半導体集積回路設計上の特徴としては，外部参照（リファレンス）電圧を入力する事で，負荷変動に対して安定した電圧を出力する．出力段は流入電流（Sink Current）出力と流出電流（Source Current）出力が可能で，負荷変動による過渡応答波形を効果的に吸収する[21]．構成としては，

表3.6　相補型プッシュプル電源 NJM2342[21] の概要

半導体集積回路製品名	NJM2342[21]
半導体製造会社名	新日本無線(株)[21]
製品機能	リファレンス回路用 4 回路入りバッファ IC
代表的電気的特性	入力電圧 Vin: 3-14V, 出力電圧 Vout:-, 出力電流 Iout:30mA/15mA
樹脂封止品（パッケージ）型式	TVSP 10pin
電磁両立性規格適合検証	流出電流（Source Current）特性と流入電流（Sink Current）特性で代用

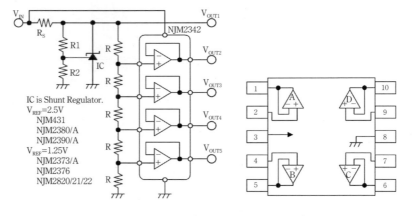

図3.19　応用回路図（左）[21]と内部ブロック図（右）[21]

汎用全帰還演算増幅器であり応用回路図を電源製品向けに設計する事で，相補型プッシュプル電源として使用出来る．一般的には音響用差動演算増幅器や，バイポーラ（Bipolar）素子等の個別能動部品（NPN や PNP）を用いて電源を設計する際には，相補型プッシュプルの形式とする事が多い．又アナログ系の半導体集積回路内の基準電源を構成する際にも，同形式とする事が多い．入出力電圧差が取れる場合の用途なので，PMOS と NMOS もしくは PNP と NPN のプッシュプル駆動の内，PMOS もしくは PNP を疑似 PMOS 構造や疑似 PNP 構造（大電流駆動用 NMOS もしくは NPN の前段に小信号用 PMOS もしくは PNP を接続する回路形式）とする事で，珪素片（シリコン・チップ）の占有面積を 1/4 〜 1/3 に小さく抑える事が可能となる．

電磁両立性（EMC）の観点からは，電磁干渉（EMI）については全く問題なく，電磁感受性（EMS）についても PCB 基板上の対策で問題なく使用する事が可能である．但し，最も古くからある回路構成ゆえ入出力間を電圧変換する際の効率については，断続（スイッチング）電源や電荷移動（チャージ・ポンプ）電源には及ばない．

一方，PCB 基板設計上の特徴としては，電磁感受性（EMS）の対策として電源端子や入力端子に低域通過濾波器を接続する事と，出力端子に容量素子を接続する事となる．外部からの電磁雑音による誤動作を防止する事が主となるので，電源端子や入力端子に接続する低域通過濾波器等は低次数のもので十分である．又，電磁感受性（EMS）が問題にならない環境での使用であれば，電源端子と出力端子の容量素子の接続だけで，製品仕様書の電気的特性は凡そ確保出来る．

参考の為，NJM2342[21] の優れた流出電流（Source Current）特性[21] と流入電流（Sink Current）特性[21]（図 3.20 参照）を示す．

− 71 −

❖第3章　用途別半導体集積回路の電磁両立性設計（1）

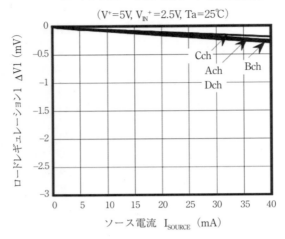

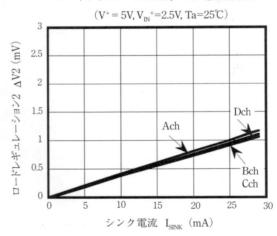

図3.20　流出電流（Source Current）特性（上）[21] と流入電流（Sink Current）特性（下）[21]

− 72 −

参考文献

1）"LM26001/LM26001Q 1.5A Switching Regulator with High Efficiency Sleep Mode," Texas Instruments, Literature Number: JAJSAI6, 20 pages, 2009.

2）"Schematic Prints of PMP9397_sch.SchDoc（"Selected Documents"）," Texas Instruments, 2 pages, 2014.

3）"Test Report For PMP9397," Texas Instruments, 11 pages, 04/04/2014.

4）"CISPR25, Vehicles, boats and internal combustion engines - Radio disturbance characteristics - Limits and methods of measurement for the protection of on-board receivers," International Electrotechnical Commission, 2016.
https://webstore.iec.ch/publication/26122

5）http://www.aecouncil.com/AECDocuments.html

6）"LT8614, 静止電流が 2.5µA の 42V, 4A 同期整流式降圧 Silent Switcher," Linear Technology, 8614fa, 24 pages, 2014.

7）Tony Armstrong / Christian Kuck, "設計特集 CISPR クラス 5 の放射性輻射規格に適合しつつ高い変換効率を維持する Silent Switcher," LT Journal of Analog Innovation, 3 pages, 2014 年 1 月．

8）http://eetimes.jp/ee/articles/1412/10/news069_2.html

9）http://special.nikkeibp.co.jp/atcl/TEC/15/lineartechnology1024/020300043/

10）松本泰, 石上忍, 後藤薫, "4-3 スペクトラム拡散クロックによる雑音測定への影響," 情報通信研究機構季報, pp. 87-100, Vol.52 No.1 2006.

11）"入力電圧 3.5 V ～ 36 V 出力スイッチ電流 4 A/2.5 A/1.25 A 1ch 降圧スイッチングレギュレータ BD906xx-C series," ローム株式会社, TSZ02201-0T1T0AL00130-1-1, Rev.005, 44 pages, 2015.9.15.

12）http://www.rohm.co.jp/web/japan/news-detail?news-title=2014-12-16_article&defaultGroupId=false

13）"LT3245, 入力電圧範囲の広い低ノイズの 250mA 昇降圧チャージポンプ," Linear Technology, 3245fa, 18 pages, 2013.

14）"LINEAR TECHNOLOGY TIMELY NEWS 今月の特集　電源 Vol.8 LED ドライバ ワンストップ アナログの IC 勘どころ," Linear Technology, 4

❖第3章　用途別半導体集積回路の電磁両立性設計（1）

pages, 2005.

15）George H. Barbehenn, "入力電圧範囲が 2.7V ～ 38V の低ノイズ 250mA 昇降圧チャージポンプ・コンバータ ," Linear Technology, LT Journal of Analog Innovation, 3 pages, 2014 年 1 月 .

16）"CISPR22, Information technology equipment –Radio disturbance characteristics – Limits and methods of measurement," International Electrotechnical Commission, 2008.
https://webstore.iec.ch/publication/22243

17）"ADP1740/ADP1741, 2A, Low VIN, Low Dropout Linear Regulator," Analog Devices, Rev. H, 20 pages, 2015.

18）Glenn Morita, "ロー・ドロップアウト（LDO）レギュレータのノイズ源" アナログ・デバイセズ株式会社，AN-1120 アプリケーション・ノート , 10 pages, 2011.

19）Ken Marasco, "低ドロップアウト・レギュレータの活用方法 ," アナログ・デバイセズ株式会社，AN-1072 アプリケーション・ノート , Rev.0, 7 pages, 2010.

20）"The Fundamentals of LDO Design and Application," Analog Devices, 2 pages, 2009.

21）"NJM2342, リファレンス回路用 4 回路入りバッファ IC," 新日本無線㈱, 6 pages, 2003.

第4章

用途別半導体集積回路の
電磁両立性設計（2）

Abstract

　現在量産されている半導体集積回路（LSI：Large Scale Integrated Circuit）各製品において，第4章も継続して半導体製造会社各社製品の仕様書や技術文献を元に，電磁両立性（EMC：Electromagnetic Compatibility）特性を考察する．第3章と合わせる事で，主な製品の電磁両立性設計の本質的な概念・概要等を把握する．

第4章では，半導体集積回路の種々の駆動製品を考察する．LED（Light Emitting Diode）駆動回路，IGBT（Insulated Gate Bipolar Transistor）駆動回路，D級音響用電力増幅器，T級[TM]音響用電力増幅器，AB級音響用電力増幅器等が対象となる．半導体集積回路内の電磁両立性設計例，PCB基板上の電磁両立性設計例の，その技法・手法等を解説する．

4－1　LED駆動回路の電磁両立性設計

(1) 半導体集積回路製品例　DIODES社（ZETEX社）[1]

LED[2]駆動用の製品例として，DIODES社（ZETEX社）[1]の製品ZXLD1362[1]を例に挙げる．公開されている製品仕様書[1]より，その製品概要[1]（表4.1参照），その応用回路図[1]と内部ブロック図[1]（図4.1参照）を示す．回路としては，原理に即した構成であり，樹脂封止品（モールド品）5端子（その内の2端子は電源端子と接地端子）にその全機能を持つ．尚，出力段には集積可能な電力用半導体素子であるNチャネルDMOS（Double Diffused MOSFET）（第2章参照）を搭載する．

LED[2]駆動回路は，基本的には断続（スイッチング）電源（第3章参照）とほぼ同様の回路動作を行う為，電磁両立性（EMC）[3]特性に関する検証は，断続（スイッチング）電源のそれと凡そ同様となる．但し応用回路としては，断続（スイッチング）電源部の出力負荷端子にLED[2]素子が接続される事や，輝度調整[4]の為の断続（スイッチング）技術が更に加わる等の違いがある．

半導体集積回路設計上の特徴としては，製品仕様書[1]にその詳細な動

表4.1　LED[2]駆動回路 ZXLD1362[1] の概要

半導体集積回路製品名	ZXLD1362[1]
半導体製造会社名	DIODES社（ZETEX社）[1]
製品機能	60V 1A 降圧 LED[2] 駆動回路（AEC-Q100 規格[8] 準拠）
代表的電気的特性	入力電圧 Vin : 6-60V，出力電流 Iout : 1A，効率 95%
断続（スイッチング）周波数	625KHz（電源），100Hz（調光[4]）
樹脂封止品（パッケージ）型式	TSOT25 5pin
電磁両立性最適設計基準	Automotive EMC considerations[5]
電磁両立性規格適合試験	CISPR25 規格[6]（伝導・放射エミッション），ISO11452 規格[10]，95/54/EC 規格[11] 他

❖第4章 用途別半導体集積回路の電磁両立性設計（2）

作説明や個別受動部品の素子値を変動させた場合の豊富な電気的特性図の他，様々な注意事項にも言及している．これらを参照する事で，実機

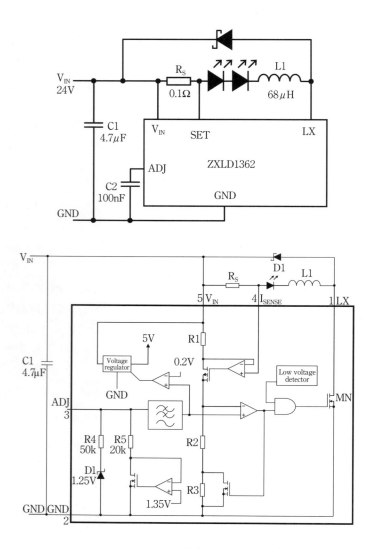

図4.1 応用回路図（上）[1] と内部ブロック図（下）[1]

検証しなくてもその電気的特性や電磁両立性（EMC）特性，製品設計を行う際の回路規模や製造価格等を容易に概算する事が可能となる．部品選定の際には，他社製品との比較情報としても必要且つ十分な内容である．特に断続（スイッチング）技術で鍵となる誘導素子の定数選定には，LED[2]素子の個数に応じて最適値が得られる様，平易な図を用い誤認識が無い様に工夫する．調光用[4]回路図[5]については，直流（DC：Direct Current）電圧印加方式，PWM（Pulse Width Modulation）波形印加方式，トランジスタ接続印加方式，マイコン接続方式と各々詳細な説明を行う．

一方，PCB基板設計上の特徴としては，車載用最適設計基準（リファレンス・デザイン）[5]が開発される．具体的には，電磁干渉（EMI：Electromagnetic Interference, Emission）[3]防止用低域通過濾波器の解析計算式や，伝導エミッション（CE：Conducted Emission）特性を考慮した車載内装照明用応用回路図[5]（図4.2参照）等が提供される．最も対策効果のある電源端子低域通過濾波器の回路図例や使用部品選定，更にはPCB基板の推奨図面等を掲載し，事前にCISPR25規格[6]伝導エミッション（CE）・放射エミッション（RE：Radiated Emission）の電磁両立性（EMC）規格適合試験を考察する．特性を確認する為にπ型低域通過濾波器の周波数特性（図4.3参照）を示す．遮断（カットオフ）周波数[7]は約

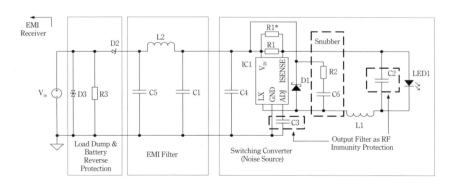

図4.2　車載内装照明用応用回路図[5]

10KHz（-3dB），減衰特性は 100KHz で約-40dB，1MHz で約-85dB，10MHz で約-160dB となる．その時の伝導エミッション（CE）特性（図4.3 参照）を示す．又 AEC-Q100 規格[8]グレード 1（温度特性）にも準拠する．顧客はこれらの情報を得る事で，即座に電気的特性や電磁両立性（EMC）特性の優れた特性を検証・展開し，製品設計時間の短縮や開発作業量を軽減出来る等の複数の利点を得る．

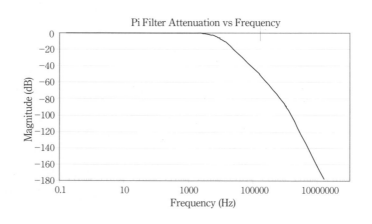

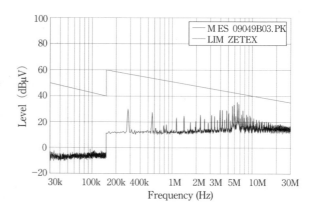

図4.3　π型低域通過濾波器の周波数特性（上）[5]と伝導エミッション（CE）特性（下）[5]

参考の為，ZXLD1362[1]の優れたGTEM (Giga-heltz Transverse Electromagnetic Cell)[9]エミッション特性とループアンテナ・エミッション特性 (1m)（図 4.4 参照）を示す．

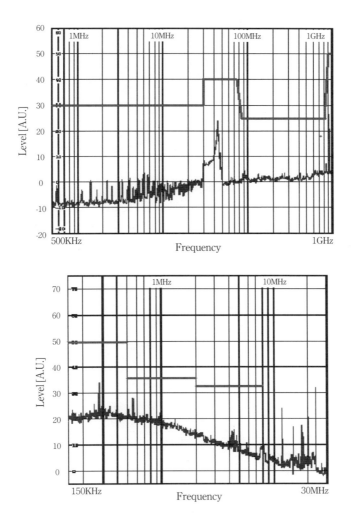

図 4.4 GTEM[9]エミッション特性（上）[5]とループアンテナ・エミッション特性（1m）（下）[5]

❖第4章　用途別半導体集積回路の電磁両立性設計（2）

（2）半導体集積回路製品例　リニア・テクノロジ社[12]

　LED[2]駆動用の製品例として，リニア・テクノロジ社[12]の製品
LT3795[12]を例に挙げる．公開されている製品仕様書[12]より，その製品
概要[12]（表4.2参照），その応用回路図[12]と内部ブロック図[12]（図4.5参照）
を示す．回路としては，駆動用のトランジスタ素子2個を個別電力用半
導体素子（第2章参照）の設定とし，NチャネルとPチャネルTrench
FET Power MOSFET[13][14]を推奨する．従って製品機能は，LED[2]駆動用
個別電力用半導体素子のゲート制御回路となる．

　半導体集積回路設計上の特徴としては，スペクトラム拡散周波数変調
回路（SSFM：Spread Spectrum Frequency Modulation）[15]を採用している事
にある．量産される製品で，外部から当該機能の動作/非動作制御が可
能となっている品種は少ないが，スペクトラム拡散技術（SST：Spread
Spectrum Technology）[15]の効果を確認するには最適である．電磁干渉
（EMI）に関しては，スペクトラム拡散周波数変調回路（SSFM）[15]を適用
した場合，平均値検波で最大約25dB，尖頭値検波で最大約5dBの改善
効果を認める．逆に床雑音（フロア・ノイズ）は，平均値検波・尖頭値
検波とも最大約30dB上昇するものの，床雑音（フロア・ノイズ）が動
作に影響のない応用回路では，スペクトラム拡散周波数変調回路
（SSFM）[15]の有効性が認められる．本製品では更に，3,000:1のTrue
Color PWM™調光[12]が搭載される．電流調光とは異なり色味を変える
事無く，断続（スイッチング）動作により輝度を調整するのがPWM調

表 4.2　LED[2]駆動回路 LT3795[12]の概要

半導体集積回路製品名	LT3795[12]
半導体製造会社名	リニア・テクノロジ社[12]
製品機能	スペクトラム拡散[15]周波数変調回路を内蔵した昇圧・降圧・昇降圧 110V LED[2]制御回路
代表的電気的特性	入力電圧 Vin:4.5-110V, MOSFET 出力電流 Iout:50A（Nch），20A（Pch），効率 94%
断続（スイッチング）周波数	105kHz-1,000kHz（電源），100Hz（調光[4]）
樹脂封止品（パッケージ）型式	TSSOP 28pin
電磁両立性規格適合試験	伝導エミッション 500KHz-2,500KHz（スペクトラム拡散[15]動作時/非動作時）

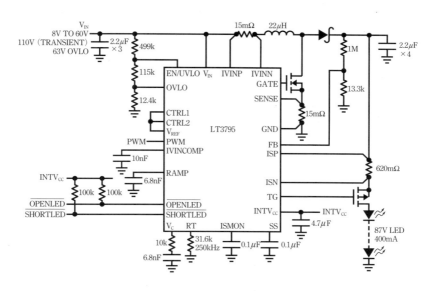

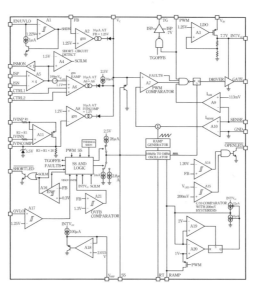

図 4.5　応用回路図（上）[12] と内部ブロック図（下）[12]

- 83 -

❖第4章　用途別半導体集積回路の電磁両立性設計（2）

光である．但しスペクトラム拡散周波数変調回路（SSFM）[15]の電磁干渉
（EMI）に加えて，PWM調光[12]の電磁干渉（EMI）が重畳するので，その
影響度を事前に確認する．

　一方，PCB基板設計上の特徴であるが，LED[2]駆動用の出力端子を昇
圧電圧で使用する応用回路図，降圧電圧で使用する応用回路図，昇降圧
電圧（SEPIC：Single Ended Primary Inductor Converter）[16]で使用する応用
回路図が各々提供される．個別受動部品の素子値や製造販売元情報や，
各々の変換効率についても併記されているので，十分な情報提供が行わ
れる．顧客の様々な要求や利便性に考慮した内容である．スペクトラム
拡散周波数変調回路（SSFM）[15]を適用した場合の電磁両立性（EMC）特
性については，記載されている情報があるので顧客での検証は基本的に
不要と思われる．又製品仕様書[12]には，本製品に関する技術的助言が
必要な場合等は，工場の応用担当者が顧客に対して個別対応する記載も
ある．製品実力としては電源端子側に容量素子2.2uF×3個，出力負荷
側に容量素子2.2uF×4個で雑音成分を平滑する事が出来るので，製品
の小型化・軽量化に十分貢献出来る．又PCB基板の推奨図面も掲載さ
れているので，顧客はこれらを参考にする事で最適な設計を行える．

　参考の為，LT3795[12]の優れた伝導エミッション（CE）特性（平均値検
波と尖頭値検波）（図4.6参照）を示す．

－ 84 －

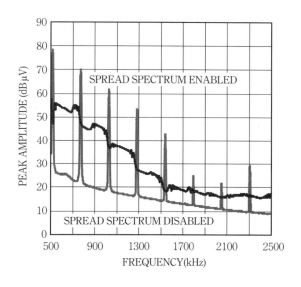

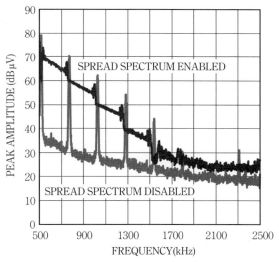

図 4.6 伝導エミッション (CE) 特性 (平均値検波) (上)[12] と伝導エミッション (CE) 特性 (尖頭値検波) (下)[12]

4-2 IGBT 駆動回路の電磁両立性設計
(1) 半導体集積回路製品例　富士電機㈱[17]

電動機可変速駆動装置や無停電電源装置の電力変換器の電力用金属樹脂封止機能製品（モジュール製品）例として，富士電機㈱[17]の製品7MBR75U4B120[17]を例に挙げる．公開されている製品仕様書[17]より，その製品概要[17]（表4.3参照），内部回路図[17]（図4.7参照）を示す．回路構成素子としては，個別電力用半導体素子の1種である絶縁ゲート・バイポーラ・トランジスタ（IGBT）（第2章参照）を採用する．電源電圧1,200V（高電圧），出力電流75A（大電流）を，断続（スイッチング）技術で高速動作させて得る．

半導体集積回路設計上の特徴としては，電力用電子機器を動作させる電力用金属樹脂封止機能製品（モジュール製品）であるので，電磁両立性（EMC）の中でも電磁干渉（EMI）とりわけ伝導エミッション（CE）と

表 4.3　IGBT 駆動回路 7MBR75U4B120[17] の概要

半導体集積回路製品名	7MBR75U4B120[17]
半導体製造会社名	富士電機㈱[17]
製品機能	IGBT 電力用金属樹脂封止機能製品（モジュール製品）
代表的電気的特性	入力電圧 Vin：1,200V，インバータ・コレクタ電流 Iout：75A
断続（スイッチング）周波数	──
樹脂封止品（パッケージ）型式	C type 相当品（122×62×17 m/m）
電磁両立性最適設計基準	IGBT モジュールの EMC 設計[18]
電磁両立性規格適合試験	IEC 61800-3 規格[20]（伝導・放射エミッション）

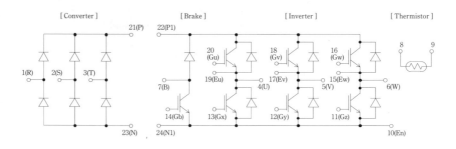

図 4.7　内部回路図，コンバータ（左）とインバータ（中央）とサーミスタ（右）[17]

放射エミッション（RE）の特性が極めて重要となる．高電圧・大電流を扱い電力変換を高効率で動作させる為に断続（スイッチング）技術を用いる事から，回路としては電磁干渉（EMI）を意図的に発生させる動作であると換言出来る（一般に断続（スイッチング）技術を適用している回路は，全て同様の動作となる）．この動作と背反して，電磁干渉（EMI）の影響は周辺等に影響を及ぼすので，高い変換効率を維持しながらも電磁干渉（EMI）が改善する様に回路設計を微調整する．更には電力用金属樹脂封止機能製品（モジュール製品）周辺に電磁干渉（EMI）対策回路を付加して，電磁両立性（EMC）規格適合試験に準拠させる事となる．

　製品仕様書[17]に様々な条件で測定された詳細な特性が記載されている事が，大電力回路では大変重要となる．電源電圧が1,200Vや600Vでの測定値を取得する事は容易では無く，信頼性・安全性の点からも開発製造販売元からの情報は有益である．高電圧・大電流を扱う測定環境では防爆装置等の設置が必須で，測定する際にも細心の注意が必要となる．

　一方，製品体系設計上の特徴としては，電力用金属樹脂封止機能製品（モジュール製品）に関して詳細な応用回路仕様書[18]が発行されており，電磁両立性（EMC）の基礎的な考え方から，電磁干渉（EMI）の発生原因，共振現象の理解，寄生素子の影響，電磁両立性（EMC）規格限度値，電磁対策等やその後の改善特性,事前に検証された測定値等が掲載される．顧客は，これらを一読する事で電力用金属樹脂封止機能製品（モジュール製品）の正しい理解が得られ，より一段と正確に電力用金属樹脂封止機能製品（モジュール製品）体系が設計出来る．同応用回路仕様書[18]より，電力用金属樹脂封止機能製品（モジュール製品）の電磁両立性（EMC）対策例を示す（図4.8参照）（コンバータとインバータの間の素子は，電磁両立性（EMC）対策としてのスナバ回路[19]）．

　参考の為，電力用金属樹脂封止機能製品（モジュール製品）に適用されるIEC 61800-3規格[20]伝導エミッション（CE）と放射エミッション（RE）の限度値（図4.9参照）を示す．又7MBR75U4B120[17]の優れた放射エミッション（RE）特性（図4.10参照）を示す．

❖第4章 用途別半導体集積回路の電磁両立性設計(2)

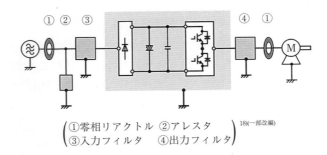

$\begin{pmatrix} ①零相リアクトル & ②アレスタ \\ ③入力フィルタ & ④出力フィルタ \end{pmatrix}$ [18)(一部改編)]

図4.8 電力用金属樹脂封止機能製品（モジュール製品）の電磁両立性（EMC）対策例

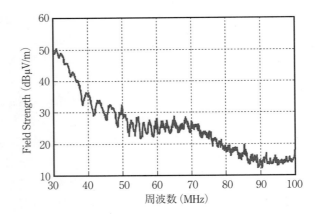

図4.10 放射エミッション（RE）特性（標準駆動条件）[18]

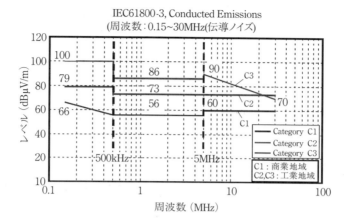

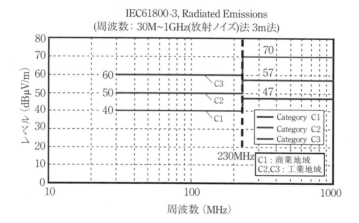

図 4.9 IEC 61800-3 規格 [20] 伝導エミッション（CE）（上）と放射エミッション（RE）（下）の限度値（上から C3,C2,C1）[18]

❖第4章 用途別半導体集積回路の電磁両立性設計（2）

4−3 D級音響用電力増幅器の電磁両立性設計

(1) 半導体集積回路製品例 テキサス・インスツルメンツ社 [21]

　スピーカ駆動用のD級音響用電力増幅器の製品例として，テキサス・インスツルメンツ社 [21] の製品 TPA3140D2 [21] を例に挙げる．公開されている製品仕様書 [21] より，その製品概要 [21]（表4.4 参照），その応用回路図 [21] と内部ブロック図 [21]（図4.11 参照）を示す．

　半導体集積回路設計上の特徴としては，製品仕様書 [21] に記載される断続（スイッチング）技術を使いながらも超低EMI（エミッション）である事を特徴とする．スペクトラム拡散技術（SST：Spread Spectrum Technology）[15] を適用し，本製品も外部から当該機能の動作／非動作制御が可能となる．電磁干渉（EMI）に関しては，通常の固定周波数変調（FFM：Fixed Frequency Modulation）[22] に比してスペクトラム拡散変調（SSM：Spread Spectrum Modulation）[15] を適用した場合，尖頭値電圧は約10dBの改善効果が認められる．その効果もあって，後述する伝導エミッション（CE）と放射エミッション（RE）の電磁両立性（EMC）規格適合試験に準拠する．

　一方，PCB基板設計上の特徴としては，電磁干渉（EMI）を考慮した電磁両立性（EMC）最適設計基準（リファレンス・デザイン）[23] が開発される．この設計基準によると，出力段の誘導素子（インダクタ）を不要とし，代わりに強磁性体素子（フェライト・ビーズ，主成分は酸化鉄）[24]

表 4.4 D級音響用電力増幅器 TPA3140D2 [21] の概要

半導体集積回路製品名	TPA3140D2 [21]
半導体製造会社名	テキサス・インスツルメンツ社 [21]
製品機能	超低 EMI&AGL 10W インダクタ不要 ステレオ（BTL）D級音響用電力増幅器
代表的電気的特性	入力電圧 Vin：4.5-14.4V，出力電力 Wout：10W/8Ω， THD+N：0.06％
断続（スイッチング）周波数	310kHz（スペクトラム拡散 [15] 非動作時）， 315kHz（スペクトラム拡散 [15] 動作時）
樹脂封止品（パッケージ）型式	HTSSOP 28pin
電磁両立性最適設計基準	TPA3140D2 Design Considerations for EMC [23]
電磁両立性規格適合試験	EN55022 規格 [26]（伝導エミッション）と EN55013 規格 [27] （放射エミッション）

− 90 −

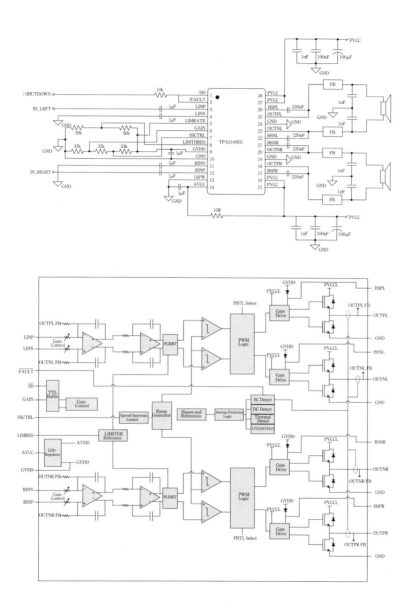

図 4.11 応用回路図（上）[21] と内部ブロック図（下）[21]

- 91 -

❖第4章　用途別半導体集積回路の電磁両立性設計(2)

を設定する．周波数特性は誘導素子と良く似た特性を示すが，高周波雑音をその抵抗成分によって熱に変換し，低減させる効果がある．素子寸法も表面実装部品（SMD：Surface Mount Device）[24]等があり極小型軽量である．又容量素子は各出力端子に各々接続し，全体的には洗練された応用回路図となる．この出力段の低域通過濾波器が無ければ，応用回路図の個別受動部品点数はAB級音響用電力増幅器のそれと同等で，ほぼ遜色の無い回路構成となる．更に質問・疑問点や技術的な議論には，テキサス・インスツルメンツ社[21]のE2E（engineer to engineer, solving problems）オンライン・コミュニティ[25]が広く公開され，有益な情報交換の場となっている．

　参考の為，TPA3140D2[21]の固定周波数変調（FFM）特性（上）[22]とスペクトラム拡散変調（SSM）特性（下）[15]（図4.12参照）を示す．各々回路動作の違いと，主スペクトラム・白色雑音特性（ホワイト・ノイズ）の違いが興味深い．又同増幅器の優れたEN55022規格[26]伝導エミッション（CE）特性（図4.13参照），EN55013規格[27]放射エミッション（RE）特性（図4.14参照）を示す．

- 92 -

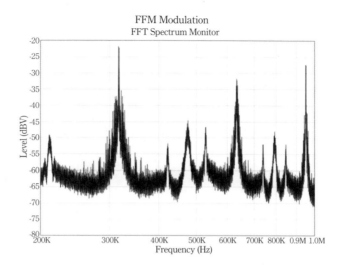

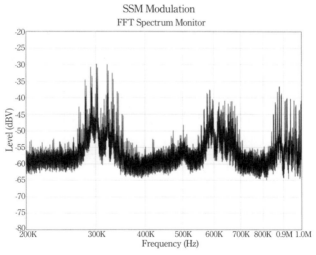

図 4.12 固定周波数変調（FFM：Fixed Frequency Modulation）特性（上）[22) 23)]
とスペクトラム拡散変調（SSM：Spread Spectrum Modulation）特性
（下）[15) 23)]

❖第4章　用途別半導体集積回路の電磁両立性設計（2）

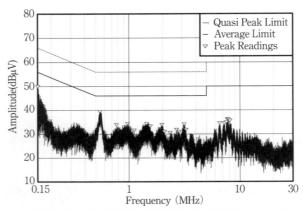

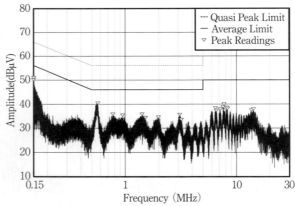

図 4.13　EN55022 規格[26]，伝導エミッション（CE）特性，Line 側（上）[21] と Neutral 側（下）[21]

- 94 -

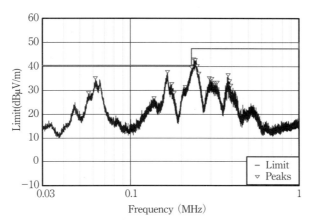

CISPR Class B 3m 30-1000MHz Scan#7-TPA3140D2 EVM with
8R Load, Different ferrite choke, Murata 601FB+1nF, 1-meter
cable, Battery supply, SS-TRI, BD, 1.25W, Spkr Wire Config2

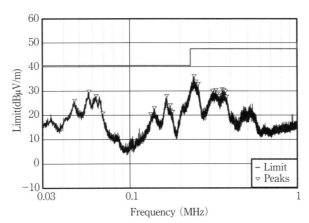

CISPR Class B 3m 30-1000MHz Scan#7-TPA3140D2 EVM with
8R Load, Different ferrite choke, Murata 601FB+1nF, 1-meter
cable, Battery supply, SS-TRI, BD, 1.25W, Spkr Wire Config2

図 4.14　EN55013 規格 [27]，放射エミッション（RE）特性，水平偏波（上）[21] と垂直偏波（下）[21]

❖第4章　用途別半導体集積回路の電磁両立性設計（2）

4－4　T 級™ 音響用電力増幅器の電磁両立性設計

（1）半導体集積回路製品例　トライパス・テクノロジ社[28]

　前述の D 級音響用電力増幅器の同種に分類されるスピーカ駆動用の T 級™ 音響用電力増幅器の製品例として，トライパス・テクノロジ社[28] の製品 TA2020-020[28] を例に挙げる．公開されている製品仕様書[28]より，その製品概要[28]（表 4.5 参照），その応用回路図[28]と外形端子配置図[28]（図 4.15 参照）を示す．

　半導体集積回路設計上の特徴としては，独自のスペクトラム拡散技術（DPP™：Digital Power Processing Technology）[28]を使う事で AB 級並みの音質と D 級並みの高変換効率を両立させる．一般的なスペクトラム拡散技術（SST）[15]では周波数帯域幅は大きく取れないが，本技術では主音響信号成分に大きく依存した搬送波周波数を設定できる事にある．詳細は公開されていないが，製品仕様書[28]によると 100KHz ～ 1MHz までの周波数変化となる．内部電源としては電荷移動（チャージ・ポンプ）電源（第3章参照）を使用．電磁干渉（EMI）に関しては，内部変調特性[28]（図 4.16 参照）から明らかなように聴感特性上問題にならない帯域にスペクトルを遷移させる（一般に 20Hz ～ 20KHz が音声帯域であり，人が音として聞こえる周波数範囲，加齢と共に上限周波数は低下の傾向）．又白色雑音特性（ホワイト・ノイズ）（図 4.16 参照）についても，AB 級並みの実力である．電力増幅器としては各型の長所を上手く纏めた，非常に高度な独創的回路設計による製品と言える．

　一方，PCB 基板設計上の特徴としては，出力端子に誘導素子，容量素

表4.5　T 級™ 音響用電力増幅器 TA2020-020[28] の概要

半導体集積回路製品名	TA2020-020[28]
半導体製造会社名	トライパス・テクノロジ社[28]
製品機能	ステレオ 20W（4Ω）T 級™ デジタル音響用電力増幅器
代表的電気的特性	入力電圧 Vin：8.5-14.6V, 出力電力 Wout：25W/4Ω, THD+N: 0.03%
断続（スイッチング）周波数	100kHz-1MHz（スペクトラム拡散[15][28]）
樹脂封止品（パッケージ）型式	SSIP 28pin
電磁両立性規格適合試験	内部変調特性[28]と雑音特性[28]で代用

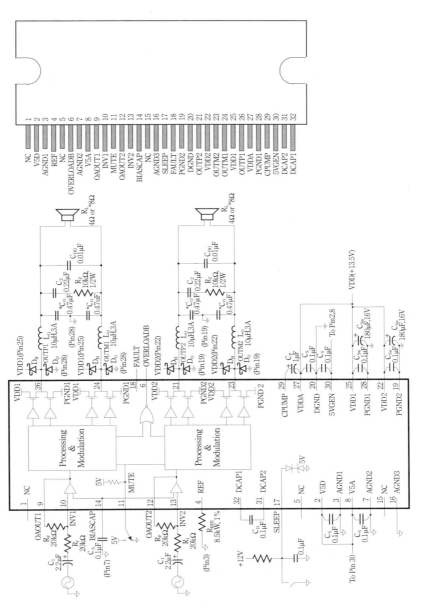

図 4.15 外形端子配置図（上）[28] と応用回路図（下）[28]

❖第4章　用途別半導体集積回路の電磁両立性設計（2）

子（Xコン接続やYコン接続）やゾベル（スナバ）回路[19)28)]を接続する．独自技術による半導体集積回路内の電磁干渉（EMI）対策に加えて，PCB

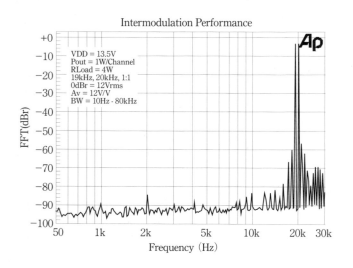

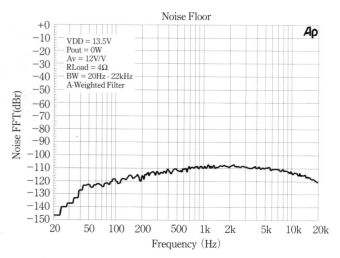

図 4.16　内部変調特性（上）[28)]と雑音特性（下）[28)]

- 98 -

基板上にこれらの対策回路を追加する．

　更に聴感上の特徴としては，鳴らしにくいスピーカ（所謂低能率のスピーカや，時間軸で過渡的応答させる事が難しいスピーカ等）に対しても見事に鳴らしきる駆動能力を発揮する．奥行き感のある立体的な音でありながら長時間の試聴も全く問題にならず，聴き疲れしない処か逆に耳に心地良く感じる．目隠し試聴（ブラインド・テスト）でも，断続（スイッチング）技術やスペクトラム拡散技術（SST）[15]を使っている事が殆どわからない程の実力である．

　参考の為，TA2020-020[28]の優れた内部変調特性[28]と雑音特性[28]（図4.16参照）を再度示す．但し残念ながら，本製品は事情があって現在のところ流通在庫のみとなっている．

4-5 AB級音響用電力増幅器の電磁両立性設計

(1) 半導体集積回路製品例　テキサス・インスツルメンツ社[29]

　従来から広く普及しているスピーカ駆動用のAB級音響用電力増幅器の製品例として，テキサス・インスツルメンツ社[29]の製品LM3886[29]を例に挙げる．公開されている製品仕様書[29]より，その製品概要[29]（表4.6参照），その応用回路図[29]と外形端子配置図[29]（図4.17参照），内部回路図[29]（図4.18参照）を示す．回路構成素子としては，高耐圧バイポーラ（Bipolar）・トランジスタとなりNPNとPNP，抵抗素子と容量素子

表4.6　AB級音響用電力増幅器 LM3886[29] の概要

半導体集積回路製品名	LM3886[29]
半導体製造会社名	テキサス・インスツルメンツ社[21] （旧ナショナル・セミコンダクタ社製品）[29]
製品機能	Overture® 高性能 68W AB級音響用電力増幅器 （ミュート機能付き）
代表的電気的特性	入力電圧 Vin: 18-84V, 出力電力 Wout: 68W/4Ω（瞬間135W）, THD+N:0.03%
樹脂封止品（パッケージ）型式	TO-220 11pin
電磁両立性規格適合試験	電源電圧変動除去比 PSRR (Power Supply Rejection Ratio)[30] と同相入力変動除去比 CMRR (Common Mode Rejection Ratio)[31] で代用

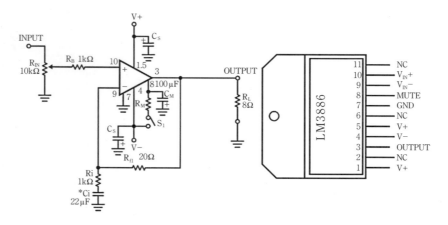

図4.17　応用回路図（左）[29] と外形端子配置図（右）[29]

で製造される（誘導素子の構成は無い）．

　半導体集積回路設計上の特徴としては，断続（スイッチング）技術を使わない昔からの AB 級動作としているので電磁干渉（EMI）に関しては全く問題がない．長いスピーカ・ケーブルを使用した場合でも，放射エミッション（RE）の発生は皆無である．又電磁感受性（EMS：Electromagnetic Susceptibility, Immunity）[3]に関しても，電源電圧変動除去比（PSRR：Power Supply Rejection Ratio）[30]と同相入力変動除去比（CMRR：Common Mode Rejection Ratio）[31]の優れた特性や，高い電源電圧の使用によって，誤動作等の問題は起きにくいと考えられる．但し出力電力の変換効率は D 級や T 級[TM]の音響用電力増幅器には及ばない為，発熱対策を要し放熱板（ヒート・シンク）の使用は必須となる．

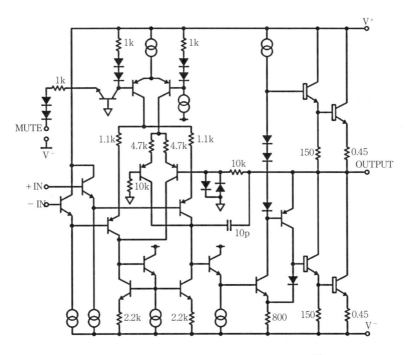

図 4.18　音響用電力増幅器の内部回路図 [29]

❖第4章　用途別半導体集積回路の電磁両立性設計（2）

　一方，PCB 基板設計上の特徴としては，音響信号を扱う応用回路ゆえ 1 点接地（ワンポイント・アース）や 1 点配線に注意する．出力電力が大きい為，電源接地間の容量（コンデンサ）については，十分大きな値を選定し等価直列抵抗（ESR：Equivalent Series Resistance）[32] の小さいものを複数個並列接続する．

　聴感上の特徴としては，T 級[TM] 音響用電力増幅器と同様に鳴らしにくいスピーカに対しても，更に優れた駆動能力を発揮する．又電源電圧範囲に余裕がある為，最大出力電力と白色雑音特性（ホワイト・ノイズ）の差が広く取れる事から，ダイナミック・レンジ DR（Dynamic Range, D Range）[33] の大きな，極めて迫力ある音から静寂な音までが聴感できる．音質としては高級音響機器製品にも採用される等，音響用電力増幅器として相当の実力を誇る．

　参考の為，LM3886[29] の優れた電源電圧変動除去比（PSRR）特性 [30] と同相入力変動除去比（CMRR）特性 [31]（図 4.19 参照）を示す．

－ 102 －

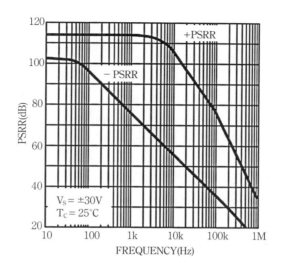

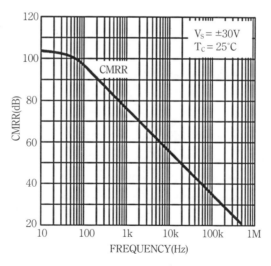

図 4.19 電源電圧変動除去比（PSRR）（上）[29)30)] と同相入力変動除去比（CMRR）（下）[29)31)]

❖第4章　用途別半導体集積回路の電磁両立性設計（2）

参考文献

1) "ZETEX ZXLD1362, 60V 1A LED DRIVER WITH AEC-Q100," Diodes Incorporated, Document number:DS33472 Rev. 6-2, 25 pages, March 2014.

2) "器具メーカー，デザイナー，建築士，施工者，施設管理者向け LED と LED 照明の使いこなしのポイント," LED 照明推進協議会，JLEDS Technical Report Vol.4, 44 pages, 2012 年 3 月.

3) 鈴木茂夫著，"EMC と基礎技術," 工学図書株式会社，ISBN4-7692-0349-7.

4) 鎌田征彦，高坂啓太郎，片野慈子，"特集 LED 照明の省エネ点灯電源 と調光制御技術," 東芝レビュー SPECIAL REPORTS, Vol.65 No.7, 4 pages, 2010.

5) Adrian Wong, "ZETEX AN57 Automotive EMC considerations for switching regulator LED lighting applications using ZXLD1362," Diodes Incorporated, Issue 1, 10 pages, September 2008.

6) "CISPR25, Vehicles, boats and internal combustion engines - Radio disturbance characteristics - Limits and methods of measurement for the protection of on-board receivers," International Electrotechnical Commission, 2016.
https://webstore.iec.ch/publication/26122

7) 青木英夫著，"アナログ IC の機能回路設計入門," CQ 出版社，ISBN4-7898-3291-0.

8) http://www.aecouncil.com/AECDocuments.html

9) http://t-sato.in.coocan.jp/emcj/0703-553-j.html

10) "ISO11452, Road vehicles -- Component test methods for electrical disturbances from narrowband radiated electromagnetic energy," International Organization of Standardization, 2015.
http://www.iso.org/iso/home/store/catalogue_tc/catalogue_detail.htm?csnumber=59609

11) http://www.autoemc.net/Standards/Auto9554EC.pdf

12) "LT3795, スペクトラム拡散周波数変調回路を内蔵した 110V LED コ ントローラ," Linear Technology Corporation, 3795fb, 30 pages, 2014.

－ 104 －

13) "Si4840BDY, N-Channel 40-V （D-S） MOSFET," Vishay Siliconix, Document Number: 69795, S09-0532-Rev. C, 9 pages, 06-Apr-09.

14) "Si7415DN, P-Channel 60-V （D-S） MOSFET," Vishay Siliconix, Document Number: 71691, S-83043-Rev. E, 11 pages, 22-Dec-08.

15) http://ednjapan.com/edn/articles/1304/22/news020.html

16) http://www.tij.co.jp/lsds/ti_ja/analog/glossary/sepic.page

17) "7MBR75U4B120, Power Integrated Module, SPECIFICATION," Fuji Electric Device Technology Co., Ltd., DWG.NO. MS6M0855, 15 pages, Feb.-02-' 05.

18) "富士 IGBT モジュール アプリケーション マニュアル, 第 10 章 IGBT モジュールの EMC 設計" 富士電機株式会社, RH984d, 136 pages, 2016 年 10 月.
URL http://www.fujielectric.co.jp/products/semiconductor/

19) "富士 IGBT モジュール アプリケーション マニュアル, 第 5 章 保護回路設計方法" 富士電機株式会社, RH984d, 136 pages, 2016 年 10 月.
URL http://www.fujielectric.co.jp/products/semiconductor/

20) https://webstore.iec.ch/publication/5933

21) "TPA3140D2, 10-W Inductor Free Stereo （BTL） Class-D Audio Amplifier with Ultra Low EMI and AGL," Texas Instruments Incorporated, 40 pages, SLOS882A-JANUARY 2015-REVISED APRIL 2015.

22) http://oxford.ee.kanagawa-u.ac.jp/lspecs/nico/wp-content/uploads/sites/2/2014/06/FM.pdf

23) Application Report, "TPA3140D2 Design Considerations for EMC," Texas Instruments Incorporated, 8 pages, SLOA216-February 2015.

24) http://www.murata.com/ja-jp/products/emiconfun/emc/2011/06/14/en-20110614-p1

25) http://e2e.ti.com/

26) https://celectronics.com/training/learning/method/EN55022.html

27) https://www.cenelec.eu/dyn/www/f?p=104:110:279471946597201::::FSP_ORG_ID,FSP_PROJECT,FSP_LANG_ID:1258289,57090,25

❖第4章　用途別半導体集積回路の電磁両立性設計（2）

28）"TA2020-020, STEREO 20W（4 ohm）CLASS-T™ DIGITAL AUDIO AMPLIFIER DRIVER USING DIGITAL POWER PROCESSING（DPP™）TECHNOLOGY," Tripath Technology, Inc., 13 pages, TA2020-KL/7.1/03.05, Revision 7.1 – March 2005.

29）"LM3886, Overture® オーディオ・パワーアンプ・シリーズ, 高性能 68W オーディオ・パワーアンプ（ミュート機能付き）," National Semiconductor Corporation, DS011833-04-JP, 24 pages, 2003 年 10 月 .

30）http://www.tij.co.jp/lsds/ti_ja/analog/glossary/psrr.page

31）http://www.nfcorp.co.jp/techinfo/dictionary/037.html

32）http://www.nfcorp.co.jp/techinfo/dictionary/052.html

33）http://ednjapan.com/edn/articles/1206/18/news002.html

第5章

現象別半導体集積回路の
電磁両立性検証（1）

Abstract

現在の半導体集積回路（LSI：Large Scale Integrated Circuit）製品
において，製造工程開発・半導体素子開発・回路設計開発・電磁両立性
（EMC：Electromagnetic Compatibility）検証等の概要と，その際に
使用する主要な EDA（Electronic Design Automation）ソフトウエア
について俯瞰する．尚言及する範囲が大変広い為比較的重要な項目に限定
しながらも，半導体集積回路（LSI）の全体像と電磁両立性（EMC）の関
係が把握出来る様に解説する．

第5章では製造工程解析と半導体素子解析，回路解析と回路検証，電磁界解析（Electromagnetic Analysis）[1]と電磁両立性（EMC）[2]検証を考察する．全体の流れを把握した後，第6章では電磁両立性（EMC）[2]検証の具体的な計算予測例の紹介と，その技法・手法を解説する．

5－1　製造工程解析と半導体素子解析

　今からちょうど70年前の1947年に米国ベル研究所[3]の William Schockley, John Bardeen, Walter Brattain ら[4]によって，世界で初めて（点接触）半導体素子（トランジスタ）[5]が発明された．1962年には MOS（Metal Oxide Semiconductor：金属酸化膜半導体）IC（Integrated Circuits：集積回路）が開発された．1971年には Intel 社から4004マイクロ・プロセッサ[6]が製造され2,300個の半導体素子（トランジスタ）が集積された．2017年の現在では，Intel 社の開発するプロセッサ[7]は凡そ50億個の半導体素子（トランジスタ）を集積するまでに至った．この凄まじい製品開発の背景には，無くてはならないものがある．計算機の導入である．集積される半導体素子（トランジスタ）数が少ない時代とは異なり，複雑且つ微細な構造や大規模回路が開発・設計される今日，計算機による事前設計検証環境は必須となる．

（1）プロセス・シミュレータ

　主に半導体製造工程の技術開発や条件最適化に用いられるのがプロセス・シミュレータ[8]である．極微細化半導体素子から高耐圧電力用半導体素子まで適用され，製造工程での諸現象や特性を計算機上で検証する事が出来る．製造工程条件とフォト・マスク情報等から，拡散，イオン注入，酸化，エッチング，デポジション，シリサイド化，エピタキシ等の現象確認の他，ドーパント・プロファイルやストレス・プロファイル等の出力が可能となる[9]．2次元解析用と3次元解析用で製品群が異なるが，計算アルゴリズムの礎として，米国スタンフォード大学の Robert W. Dutton 教授らが開発した SUPREM-IV（Stanford University PRocess Emulation Module）[10]や，フロリダ大学が開発した FLOOXS（FLOODS, FLOOPS, FLOORS, FLorida Object Oriented Device, Process, and Reliability

－ 109 －

❖第5章　現象別半導体集積回路の電磁両立性検証（1）

Simulator)[11] 等がある.

（2）デバイス・シミュレータ

　半導体製造工程と共に半導体素子の技術開発や解析に用いられるのが，デバイス・シミュレータ[12]である．電気的特性や熱特性をはじめ，回路解析と同様に直流解析（DC Analysis）/交流解析（AC Analysis）/過渡解析（Transient Analysis）が可能である．又電磁界解析[1]と同様に解析対象を4面体メッシュ分割する事で，計算精度を向上させる．同スタンフォード大学の Robert W. Dutton 教授らが開発したドリフト拡散モデル[13]を適用した PISCES-II（Poisson and Continuity Equation Solver）[14]があり，次の基本方程式を解く（式（5.1）（5.2）（5.3）（5.4）（5.5）参照）[15].

$$\frac{d^2\phi(x)}{dx^2} = -\frac{\rho(x)}{K\varepsilon_0} = -\frac{q}{K\varepsilon_0}(p-n+N_D-N_A) \quad （ポアソン方程式）(5.1)$$

$$\frac{\partial p(x,t)}{\partial t} = -\frac{1}{q}\frac{\partial}{\partial x}J_p(x,t) + G_p(x,t) - R_p(x,t) \qquad \cdots\cdots\cdots (5.2)$$
$$（電流連続方程式）$$

$$\frac{\partial n(x,t)}{\partial t} = \frac{1}{q}\frac{\partial}{\partial x}J_n(x,t) + G_n(x,t) - R_n(x,t) \qquad \cdots\cdots\cdots\cdots (5.3)$$

$$J_p = -qD_p\frac{dp}{dx} + qn\mu_p E \qquad （電流密度方程式）\quad \cdots\cdots\cdots (5.4)$$

$$J_n = qD_n\frac{dn}{dx} + qn\mu_n E \qquad \cdots\cdots\cdots\cdots\cdots\cdots\cdots (5.5)$$

　ここで，ϕ は静電ポテンシャル，p と n は正孔及び電子密度，N_D と N_A はイオン化したドナ不純物密度とアクセプタ不純物密度，J_p と J_n は正孔及び電子の電流密度，G と R は単位体積・単位時間当たりのキャリアの生成及び再結合率，μ_p と μ_n は正孔及び電子の移動度，D_p と D_n は正孔及び電子の拡散定数を表す.

　適用範囲としては，FinFET（Fin type Field Effect Transistor）を含む極微細化半導体素子から，パワー MOS，IGBT（Insulated Gate Bipolar

－ 110 －

Transistor) 等の高耐圧電力用半導体素子まで広く対象となる（図 5.1 参照，第 2 章参照）．又多層配線構造解析やオンチップ寄生パラメータ抽出を対象とする EDA ソフトウエアも商用化されている[16]．デバイス・シミュレータも又 2 次元解析用と 3 次元解析用で製品群が異なる．回路解析用のコンパクト・モデル[17]（後述）を開発する際にも，その素子特性確認の為にデバイス・シミュレータで計算する事が多々ある．更にその計算結果がデバイス・シミュレータの計算結果と一致し，尚且つ計算時間も短縮されているミニ TCAD（次節）[18]の様なコンパクト・モデル[17]も実現している．結果として，プロセス・シミュレータ，デバイス・シミュレータから回路解析，回路検証へと計算値を引き継ぐ．

(3) TCAD (Technology Computer Aided Design)

プロセス・シミュレータとデバイス・シミュレータの各々もしくは双方を合わせて TCAD[20]と呼ばれる．実際にプロセス・シミュレータとデバイス・シミュレータを連携させて計算する事もある．ドリフト拡散モデル[13]については，インパクト・イオン化やホット・エレクトロン注入・

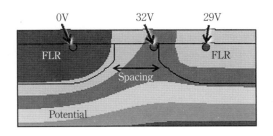

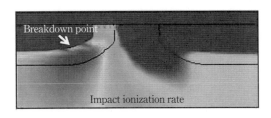

図 5.1　デバイス・シミュレータによる計算例[19]

❖第5章 現象別半導体集積回路の電磁両立性検証(1)

量子効果等にも対応している．開発当初は3社であったが，現在では2社のEDAベンダが商用化を行っており，ほぼ市場を2分する．これらの製品化時期としては，1970年代後半の事である．現在は，量産性考慮設計技術（DFM：Design For Manufacturing）[21]（第1章参照）として製造工程検証にも使用される．

5－2　回路解析と回路検証

（1）解析と検証の背景

1973 年，米国カリフォルニア大学バークレイ校[22] の Donald O. Pederson 教授ら[23] によって電子回路計算機エンジンとして SPICE (Simulation Program with Integrated Circuit Emphasis)[24] が，世界で初めて開発された．その後改版された SPICE2（最終バージョン 2G6）が 1975 年に，SPICE3（最終バージョン 3F5）が 1985 年に開発された．当時としては画期的なプログラムであり，半導体集積回路（LSI）の設計方法を一変させる．それまでは試作用半導体素子（トランジスタ）1 石 1 石を配線接続して回路を構成し，その動作を確認していたが，SPICE[24] の出現により計算機上で同様の動作確認が可能となる．

SPICE[24] に加えてコンパクト・モデル[17] と言われる，半導体素子（トランジスタ）の物理特性を数式近似した計算機モデルも同様に，米国カリフォルニア大学バークレイ校[22] から提供される．その後，SPICE[24] は現在の EDA ベンダによって様々な改良が加えられ，商用回路シミュレータとして販売される．一方，コンパクト・モデル[17] は世界でも有数の大学が，現在も極微細化半導体素子や高耐圧電力用半導体素子等に対応する為に研究・開発を進める．

今日の大規模・多機能化・高速化した半導体集積回路（LSI）の発展も，これら SPICE[24] やコンパクト・モデル[17] がなければ実現出来なかったであろうし，今後も益々それらの需要は継続する．

（2）計算機エンジン

2－1）　回路解析概要

SPICE[24] による回路解析では，直流解析（DC）/ 交流解析（AC）/ 過渡解析（TRAN）が主として実行される．これらの解析の他に高速フーリエ変換（FFT：Fast Fourier Transform）[25] や雑音解析（NoiseAnalysis）[25] 等も同様に実行される．又商用回路シミュレータの中には，過渡解析と同時に雑音解析も行えるものがあり，過渡信号の S/N 比（Signal to Noise ratio）等も評価出来る（リアルタイム雑音解析）[26]（表 5.1 参照）．

もう少し詳しく見ると直流解析（DC）で線形素子（Linear Devices）を

❖第5章　現象別半導体集積回路の電磁両立性検証(1)

扱う場合は，平衡状態の計算で容量素子を開放，誘導素子を短絡して回路を線形代数方程式として解く（Kirchhoff's CurrentLaw：キルヒホッフの電流則）[27]．非線形素子（Non Linear Devices）を扱う場合は，動作点における接線で方程式を線形化し反復計算して求解する（ニュートン・ラフソン法，NR法：Newton-Raphson Method）[27]．交流解析（AC）では，回路を正弦波定常状態として扱い小信号解を計算（フェーザ法：Phasor Method）[27]し，非線形素子は直流動作点で線形化される．過渡解析（TRAN）では，連続解析時間を離散解析時間に分割し，その各時間点を非線形代数方程式として解く．解法としては数値積分手法があり，陰的手法と陽的手法に大別される．最も簡単な陰的手法としては後退オイラ法（BE法：Backward Euler Method）[27]がある（式（5.6）（5.7）（5.8）（5.9）

表 5.1　SPICE[24] による回路解析の特徴

番号	カテゴリ	解析 （日本語名称）	解析 （英語名称）	略号	説明
1	基本 回路解析	直流解析	DC Analysis	DC	回路の平衡状態や，各節点直流電圧や各枝直流電流を計算する最近の SPICE では，平衡状態が求まらない収束問題は稀になった．
2		交流解析	AC Analysis	AC	周波数領域での解析を行う．信号源は小振幅信号源であるので，振幅成分は極微小であることに注意． 交流解析実行の際には事前に直流解析が行われ，回路の平衡状態を得てから交流解析が実行される．
3		過渡解析	Transient Analysis	TRAN	時間領域での解析を行う．信号源は大振幅信号源も可能であり，電源電圧や接地電圧による波形歪も観測できる． 直流解析も事前に行われる．過渡解析を周波数毎に繰り返し行い，振幅情報を含んだ交流解析にも応用される．
4	その他の 回路解析	高速 フーリエ変換	Fast Fourier Transform	FFT	過渡解析を行った後に高速フーリエ変換を行うことで時間領域から周波数領域への変換を行う． 窓関数の選択によって結果が異なる．過渡解析の際に安定した完全な N 周期を変換することで良い結果を得る．
5		雑音解析	Noise Analysis	NOISE	回路系から発生する雑音の解析を行う．モデル・パラメータの雑音項目にパラメータ抽出した数値が必要．

－ 114 －

参照）．数値積分の評価としては，局所打ち切り誤差（LTE：<u>L</u>ocal <u>T</u>runcation <u>E</u>rror)[27] を評価する．

$$x_{n+1} = x_n - J(x_n)^{-1} \cdot f(x_n) \quad （ニュートン・ラフソン法） \quad \cdots\cdots \quad (5.6)$$

$$V = V_e \cdot e^{j\theta} \qquad （フェーザ法による表記） \quad \cdots\cdots \quad (5.7)$$

$$I = I_e \cdot e^{j\phi} \quad \cdots\cdots\cdots\cdots\cdots\cdots\cdots\cdots\cdots\cdots\cdots\cdots\cdots\cdots \quad (5.8)$$

$$x_{n+1} = x_n + h \cdot f(t_{n+1}, x(t_{n+1})) \qquad （後退オイラ法） \quad \cdots\cdots \quad (5.9)$$

ここで，J はヤコビ行列を，w は角周波数を，h は導関数の定義で用いる極限値変数を表す．

　又実際の回路計算を行う際に直面する過渡解析（TRAN）の解法として，台形法（Trapezoidal Method)[27] とギア法（Gear 法，後退オイラ法：BE 法)[27] がある．台形法では，特有のリンギング現象が生じる可能性があり，ギア法では発振回路に関してダンピング効果（Artificial Numerical Dumping）がある為に，発振回路が発振しない可能性があるので注意を要する．

２−２）　回路検証概要

　半導体集積回路（LSI）における SPICE[24] による回路検証では，電源電圧依存性，温度検証，素子ばらつき検証，特異動作検証等，何 100 項目にも及ぶ検査が行われる．実際の珪素片（シリコン・チップ）の量産時安定供給（第 1 章参照）を想定して，悪条件下でも正常動作し続けるか，歩留り（Yield）が確保出来るか等を事前に検証する．各社実施方法はそれぞれであるが，工夫を凝らした自動検証化が進められている．素子値を離散的に変化させた際の電気的特性を解析するマルチステップ（Multi Step）解析[25] や，複数の素子値を無作為に変化させた際の電気的特性を解析するモンテカルロ（Monte Carlo）解析[25] 等は，回路検証に多用される．尚これらの解析は，上記 3 つの基本的な解析を背景で繰り返し実行する事で実現しているので，それらの派生解析として扱う．

２−３）　高精度計算と収束性

　SPICE[24] で計算する際に，計算精度や収束性を高める場合はドット・

❖第5章　現象別半導体集積回路の電磁両立性検証（1）

コマンド[28]を用いて OPTIONS[28] 設定を行う（表 5.2 参照）．計算精度を
高くする場合は，初めに RELTOL の値を厳しくするのが有効である[27]（直
流解析（DC），過渡解析（TRAN）の場合）．

　又収束性を高めるには SPICE[24] を操作する為の様々な方法が取られる
（表 5.3 参照）．商用回路シミュレータ等では，これらは解析者が意識す
る事無く自動的に実行されるものが多い．それでも回路の非収束が発生
した場合は，ノードセット（.nodeset）や初期条件設定（.ic）を行う事で
対処出来る場合がある．但し初期条件設定については，最終解に影響を
及ぼすので使用の際は注意を要する（表 5.4 参照）．

表 5.2　主な SPICE[24] の計算精度 / 収束性オプション[28]

番号	カテゴリ	オプション	概要	初期値
1	相対誤差	RELTOL	相対誤差の許容値を再設定	1.00E-03
2		ABSTOL	電流の絶対誤差の許容範囲を再設定	1.00E-12
3	絶対誤差	VNTOL	絶対電圧誤差の許容値を再設定	1.00E-06
4		CHGTOL	電荷の許容範囲を再設定	1.00E-14
5		GMIN	許容できる最小のコンダクタンスの値を再設定	1.00E-12
6		ITL1	直流動作点の繰り返し回数の制限を再設定	100
7		ITL2	直流伝達関数の繰り返し回数の制限を再設定	50
8		ITL3	過渡解析の繰り返し回数の下限を再設定（SPICE3 では設定なし）	4
9	収束性	ITL4	過渡解析の各時点の繰り返し回数の制限を再設定	10
10		ITL5	過渡解析の総繰り返し回数の制限を再設定	5000
11		PIVREL	最大の列の値と受け入れ可能なピボットの値の相対比率を再設定	1.00E-03
12		PIVTOL	ピボットになることができる行列の要素の絶対最小値を再設定	1.00E-13

表 5.3　主な SPICE[24] 非収束時解法[27]

番号	解法（日本語名称）	解法（英語名称）	備考
1	ソース・ステッピング法	Source Stepping Method	電源電圧を増減させて NR 法を連続適用させる
2	Gmin ステッピング法	Gmin Stepping Method	大規模回路でも収束性が改善する
3	疑似過渡解析法	Pseudo Transient Analysis	疑似リアクタンスを挿入して定常解を得る
4	ホモトピ法	Homotopy continuation Method	理論的に収束が保証される先進的解法

－ 116 －

表5.4　主な SPICE[24] 非収束時対処法[27]

番号	対処法	内容	最終解	備考
1	.nodeset	各節点・各枝に条件を与える 直流，交流，過渡解析に適用	与えた条件は 開放される	過渡解析では， .ic 設定が優先
2	.ic (initial condition)	解析初期条件を設定する 過渡解析の初期解求解に適用	与えた条件は最終 解まで保持される	

2－4）　最新のSPICE

　米国カリフォルニア大学バークレイ校[22]の SPICE[24]と同様に，IEEE（The Institute of Electrical and Electronics Engineers：米国電気電子学会）[29]委員らで整備される NG-SPICE（Next Generation-SPICE）[30]も又，非商用回路シミュレータとして広く普及する．現在 SPICE[24]の開発は完了しているが，NG-SPICE[30]は日々改善される．先端技術への対応は素早く，ホモトピ法[31]（前述）の導入や HiSIM（Hiroshima-University STARC IGFET Model）[32][33]（後述）の対応，更には放射系も含めた電磁界解析[1]の計算機エンジンとしても適用される．NG-SPICE[30]には，PISCES-II[14]の様な2次元デバイス・シミュレータ CIDER（A mixed-level circuit and device simulator）[34]も搭載されており，回路シミュレータとの連携が可能である．

(3) 計算機モデル

　回路計算を行う際には全体の計算を統括する回路シミュレータ SPICE[24]と，半導体素子（トランジスタ）の物理現象特性を近似する計算式（モデル式）の集まりであるコンパクト・モデル[17]と，半導体素子（トランジスタ）の電気的特性を決めるモデル式の係数（モデル・パラメータ）が必要となる．いかに誤差なく計算出来るかを決めるのは，上記の内のコンパクト・モデル[17]とそのモデル・パラメータである．複数あるコンパクト・モデル[17]から最適なコンパクト・モデル[17]を選択し，どのようなモデル・パラメータを使うかにより，試作された珪素片（シリコン）の出来栄えが左右される．換言すれば回路シミュレーションの計算精度は，コンパクト・モデル[17]の計算精度で決まる．

　回路設計者の最も多い要求は，正確な計算結果すなわち計算精度であ

る．記述されるモデル式（近似式）は半導体素子物理に基づいた数式である事が求められる．従来からの経験則に基づいたモデル式やn次多項式で近似した式の場合では，回路や素子の動作条件を変化させた時に計算誤差が大きくなる．

モデル・パラメータについては，半導体素子の電気的特性とコンパクト・モデル[17]を関連付けるモデル式の係数である事から，このモデル・パラメータの値も非常に重要である．このモデル・パラメータを測定値から求める事をパラメータ抽出（Parameter Extraction）[35]と言う．パラメータ抽出[35]の出来具合によって，同じコンパクト・モデル[17]を使用していても計算誤差は左右される．コンパクト・モデル[17]とモデル・パラメータは表裏一体であり，どちらもが良くなくては良好な結果が得られない．

モデル・パラメータの一部にはデバイス・パラメータ[36]と言われるものも含む．これは製造工程で決まるパラメータの事で，ゲート酸化膜厚，フラット・バンド電圧，基板不純物濃度，ドレイン / ソース不純物濃度等の物理定数を言う．このデバイス・パラメータ[36]のパラメータ抽出[35]は極めて重要であり，これらのパラメータ値が良くなければ，残りのモデル・パラメータで測定値を合せ込む事は殆ど困難である．

更に回路計算では，コンパクト・モデル[17]を選択する際に要求される項目として計算時間も重要である．コンパクト・モデル[17]に求められる事は，単純なモデル式の集合体である事である．単純なモデル式である程，回路計算に必要とする計算時間が短縮出来る．正確な計算結果と短い計算時間という背反する要求に各コンパクト・モデル[17]の特徴が表れる[37]（表5.5，図5.2 参照）．

半導体集積回路（LSI）の回路設計者に広く使われているコンパクト・モデル[17]として，米国カリフォルニア大学バークレイ校[22]の Chenming Hu 教授と Ping K. Ko 教授ら[38]によって開発された BSIM（Berkeley Short - channel IGFET Model）[39]があり，産業界で広く実用化される．

表 5.5 主な回路計算用計算機モデル [40]

番号	カテゴリ	開発元	モデル	バージョン	CMC標準	備考
1		ドレスデン工科大学	HICUM	L2 2.34	○	HIgh-CUrrent Model
2		NXP 社, デルフト工科大学, アーバン大学	MEXTRAM	504.12	○	Most EXquisite TRAnsistor Model
3	Bipolar	Freescale 社	VBIC	1.2.1		Vertical Bipolar Intercompany Model
4			Gummel-Poon			BJT（Bipolar Junction Transistor）Model
5			Evers-Moll			PN-Junction in Semiconductor Devices
6		カリフォルニア大学バークレイ校（UCB）	BSIM3	3.3.0	○	Berkeley Short-channel IGFET Model
7		カリフォルニア大学バークレイ校（UCB）	BSIM4	4.8.1	○	Berkeley Short-channel IGFET Model
8		カリフォルニア大学バークレイ校（UCB）	BSIM-BULK（BSIM6）	6.1.1	○	Berkeley Short-channel IGFET Model
9		カリフォルニア大学バークレイ校（UCB）	BSIM-SOI3	3.2.0	○	Berkeley Short-channel IGFET Model Silicon On Insulator
10		カリフォルニア大学バークレイ校（UCB）	BSIM-SOI4	4.5.0	○	Berkeley Short-channel IGFET Model Silicon On Insulator
11		カリフォルニア大学バークレイ校（UCB）	BSIM-IMG	102.8.0	○	Berkeley Short-channel IGFET Model Independent Multi-Gate
12	CMOS	カリフォルニア大学バークレイ校（UCB）	BSIM-CMG	110.0.0	○	Berkeley Short-channel IGFET Model Common Multi-Gate
13		NXP 社, アリゾナ州立大学	PSP	103.4	○	SP2000（ペンシルベニア州立大学）と MOS Model11（NXP 社）との統合モデル
14		広島大学, 半導体理工学研究センタ（STARC）	HiSIM2	2.9.0	○	Hiroshima-University STARC IGFET Model
15		広島大学, 半導体理工学研究センタ（STARC）	HiSIM_HV	2.3.1	○	Hiroshima-University STARC IGFET Model High Voltage
16		広島大学, 半導体理工学研究センタ（STARC）	HiSIM_SOI	1.2.0	○	Hiroshima-University STARC IGFET Model Silicon On Insulator
17		広島大学, 半導体理工学研究センタ（STARC）	HiSIM_SOTB	1.0.0	○	Hiroshima-University STARC IGFET Model Silicon On Thin-Buried-oxide
18		NXP 社	JUNCAP2	200.5	○	Junction Diodes in MOSFET
19		NXP 社	JUNCAP-EXPRESS		○	High-Speed Approximation of JUNCAP2
20	Diode	Si2/CMC（Compact Model Coalition）	Diode_CMC	2.0.0	○	Diode Model in CMC
21		Si2/CMC（Compact Model Coalition）	MOSVAR	1.3.0	○	MOS VARactor Model（PSP based）
22	Resistor	Si2/CMC（Compact Model Coalition）	R2	0.0	○	
23		Si2/CMC（Compact Model Coalition）	R3 3-Terminal & JFET	1.0.0	○	

− 119 −

❖第5章　現象別半導体集積回路の電磁両立性検証（1）

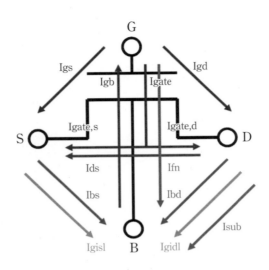

図 5.2　CMOS 素子の計算機モデル例 [37]

(4) 半導体製造会社一覧

　半導体集積回路（LSI）を開発・製造している主な外資系半導体製造会社を示す（図5.3参照）．大きな流れとしては，歴史ある電子電気会社から半導体部門が分離・独立し，その後吸収・合併する事で各社が存続していく．特に2015年から2016年はその動きが大変速く，世界の半導体業界が再編された感が強い．

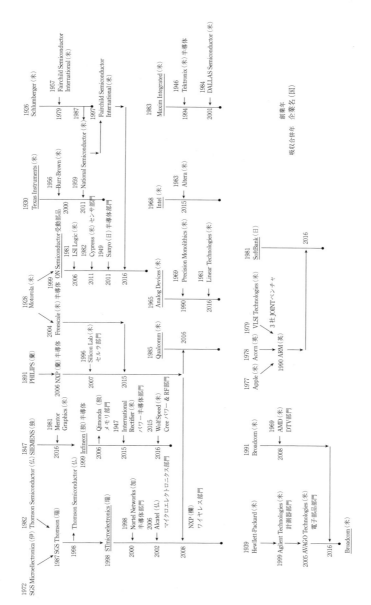

図 5.3 主な外資系半導体製造会社 [41]

❖第5章　現象別半導体集積回路の電磁両立性検証（1）

5-3　電磁界解析と電磁両立性検証

(1) 解析と検証の背景

　断続（スイッチング）技術の導入により，（充）電池の長時間駆動が可能となった半導体集積回路（LSI）では，電磁両立性（EMC）[2]とりわけ電磁干渉（EMI：Electromagnetic Interference）[42]が無視出来ない状況となる（第1章参照）．製品を試作してからの電磁両立性（EMC）[2]対策は，現在の量産計画にもはや合致せず，不具合が発生した後の対応では製造価格的にも開発期間的にも多くの問題が発生する場合がある．

　電磁両立性（EMC）[2]の問題を解決する手法の1つとして，電磁界解析[1]がある．EDAソフトウエアを使って不具合箇所の特定や，改善対策を計算によって行う（表5.6参照）．電磁界解析[1]で多くの解法があるのは，解析対象が物理的に大きくて複雑な形状のものが多い為，最適な解法がそれぞれに存在し，解析者も計算で求めるものによって解法を選択する現状がある．電磁界解析[1]では主にSI（Signal Integrity）解析，PI（Power Integrity）解析，EMI[42]解析に分類される（表5.7参照）．

　一方半導体製造会社としては，半導体集積回路（LSI）単品での電磁両

表5.6　主な電磁界解析[1]計算方法

番号	解法 （日本語名称）	解法 （英語名称）	略号	解析領域	備考
1	モーメント法	Method of Moment	MoM	周波数	マクスウエルの方程式から積分方程式を導出し周波数領域で解く
2	有限要素法	Finite Element Method	FEM	周波数	偏微分方程式を等価な常微分方程式に変換し差分技法を使って解く
3	時間領域 差分法	Finite Difference Time Domain Method	FDTD	時間	マクスウエルの微分方程式を差分化し時間領域で解く
4	部分要素 等価回路法	Partial Element Equivalent Circuit Method	PEEC	時間・ 周波数	電磁界と回路の解析用の3次元全波モデル化手法
5	伝送線路法	Transmission Line Matrix Method	TLM	時間	マクスウエルの方程式を時間領域で計算し電界と磁界を全ノードで計算する
6	境界要素法	Boundary Element Method	BEM	周波数	線形偏微分方程式を数値解析で解く

－ 122 －

立性（EMC）[2]特性が国際規格に準拠しているかが焦点となる．顧客に販売される製品の構成は，半導体集積回路（LSI）を初めとする個々の能動素子が機能面として主となる．従ってそれらが個別に電磁両立性（EMC）[2]規格の国際規格に事前に準拠していれば，組立て完成時に電磁両立性（EMC）[2]の問題が発生する頻度が小さくなる．

客観的に両者の違いを見る．電磁界解析[1]では，主に不具合現象の原因追究と場所の特定が目的となる．その為解析対象の計算機モデルは，PCB基板や搭載部品に対して出来る限り詳細な情報を集める必要がある．計算機も高性能なプロセッサと大量のメモリを搭載し，計算時間の短縮を図る．事象にも左右されるが，この種の解析は一般に数日から数十日に渡って行われる事が多い．又解析者は特定の少数技術者となるので，解析ソフトウエア数は少なくて済む．それに対して電磁両立性（EMC）[2]検証では，不具合現象が発生しない様に未然に事故を防ぐ事が目的となる．半導体集積回路（LSI）の回路設計者が，回路設計を完了し珪素片（シリコン・チップ）製造用のフォト・マスクを発注する前に，電磁両立性（EMC）[2]の特性確認や規格準拠の検証を行う．その結果次第では，回路設計に戻って変更・修正する場合もある．従ってこの検証に掛る1回の計算時間は，極めて短時間である必要がある．半導体集積回路（LSI）の電気的特性の内部設定や，その応用回路図に用いる受動部品の選定や定数設定等，繰り返し計算する事で最適値が求まるからである．当然，半導体集積回路（LSI）設計者が使用すべきEDAソフトウエアも

表 5.7　主な電磁界解析[1]の種類

番号	解析 （日本語名称）	解析 （英語名称）	説明
1	SI 解析	Signal Integrity	信号波形の伝搬遅延，反射，歪，クロストーク，オーバーシュート，リンギング，アイ開口率ほか
2	PI 解析	Power Integrity	電源バウンス，GNDバウンス，IRドロップ，プレーン共振解析，インピーダンス解析，パスコン最適化ほか
3	EMI 解析	Electromagnetic Interference	電磁干渉，伝導エミッション，放射エミッション，EMI規格適合検証ほか

❖第5章 現象別半導体集積回路の電磁両立性検証(1)

異なる．その検証ソフトウエア数も，基本的には回路設計者数と同数が必要とされる．出来れば回路設計ソフトウエアと同じ環境（OS：Operating System）や同ソフトウエア内で動作する事が望まれる．市販の電磁界解析ソフトウエアは殆どが前者で，後者は各企業の内製ソフトウエアである事が多い．電磁界解析[1]と電磁両立性（EMC）[2]検証は似て非なるものと考え，それぞれの特徴を理解して運用していく必要がある．

　このような状況を踏まえて，IEC（International Electrotechnical Commission：国際電気標準化会議）規格[43]でも現象別に計算機モデルが開発される（表5.8参照）．IEC / TC47（SemiconductorDevices）/ SC47A（Integrated Circuits）委員でもあるフランス国内委員会FRNC（FRance National Committee）と，INSA（フランス国立応用科学院：Instituts Nationaux des Sciences Appliquées）[44]がその任を担う．XML（eXtensible Markup Language：拡張可能なマーク付け言語）[45]記述に対応しており，主要な計算機モデルは実際に使う事が出来る．その計算機モデルで検証する為のEDAソフトウエアIC-EMC（Electromagnetic Compatibility（EMC）of Integrated Circuits（IC））[46]は，同INSA[44]から広く公開されている（表5.9

表5.8　IEC規格 [43] 電磁両立性（EMC）[2] 計算機モデル [48]

番号	カテゴリ	IEC規格	モデル名	バージョン	状況	備考
1		IEC 62433-1	概要	Ed. 1.0	審議中	General modelling framework, EMC IC modelling
2	Emission	IEC 62433-2	ICEM_CE, 伝導エミッション・モデル	Ed. 2.0	出版	Integrated Circuit Emission Model - Conducted Emission
3		IEC 62433-3	ICEM_RE, 放射エミッション・モデル	Ed. 1.0	出版	Integrated Circuit Emission Model - Radiated Emission
4	Immunity	IEC 62433-4	ICIM_CI, 伝導イミュニティ・モデル	Ed. 1.0	出版	Integrated Circuit Immunity Model - Conducted Immunity
5		IEC 62433-5	ICIM_RI, 放射イミュニティ・モデル			Integrated Circuit Immunity Model - Radiated Immunity
6		IEC 62433-6	ICIM_CPI, 伝導パルス・イミュニティ・モデル	Ed. 1.0	審議中	Integrated Circuit Immunity Model - Conducted Pulse Immunity

参照）．尚計算機エンジンは，商用回路シミュレータ WinSpice[47]の使用を前提としている．

一般にこれらの電磁界解析[1]や電磁両立性（EMC）[2]検証は，CEM（Computational Electromagetics：計算電磁気学もしくは数値電磁気学）と言われる．伝導エミッション（CE：Conducted Emission）や伝導イミュニティ（CI：Conducted Immunity）の計算検証は，信号が配線上を伝達する事から回路解析で解く事が出来，放射エミッション（RE：Radiated Emission）や放射イミュニティ（RI：Radiated Immunity）の計算検証は，空気中を信号が伝搬する事から回路解析と電磁界解析[1]で解く事が出来る（図5.4 参照）．

（2）計算機エンジン

2−1） マクスウエルの方程式

電磁界解析[1]ソフトウエアでは，3次元のマクスウエルの方程式

表 5.9　IC-EMC[46] の計算

番号	カテゴリ	計算項目	バージョン	備考
1	Basic tools	Emission prediction	2.5	エミッション特性計算予測
2		Near-field Scan prediction	2.5	近傍界計算予測
3		Impedance identification	2.5	インピーダンス計算
4		Immunity prediction	2.5	イミュニティ特性計算予測
5	Advanced tools	S and Z parameters simulation for N port devices	2.5	N ポート素子の S/Z パラメータ計算
6		Automatic extraction of IC suceptibility threshold to harmonic disturbances	2.5	IC 誤動作レベルの自動抽出
7		Near field scan data in XML format import	2.5	XML 書式での近傍界データ
8		Automatic generation of transmission line models	2.5	伝送線路モデルの自動抽出
9		3D package model extraction from IBIS file	2.5	IBIS モデルからの3次元パッケージモデル抽出
10		Time domain reflectometry	2.5	TDR（タイム・ドメイン・リフレクトメトリ）計算
11		S parameter deembedding	2.5	S パラメータ・ディエンベディング
12		3D package model based on partial element extraction	2.5	RLC 抽出に基づいた3次元パッケージ・モデル

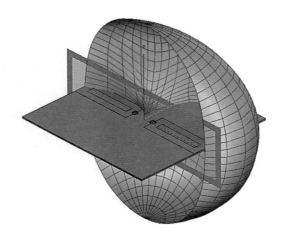

図 5.4　電磁両立性（EMC）検証[2]による計算例[49]

(Maxwell's equations)[50]から電界 E と磁界 H の3方向ベクトル（E_x, E_y, E_z, H_x, H_y, H_z）を求解する（式 (5.10)(5.11)(5.12)(5.13) 参照）．解析対象をメッシュ分割し，位置と方向の情報が計算される．

$$rotE + \frac{\partial B}{\partial t} = 0 \quad （ファラデの法則，微分形）\quad (5.10)$$

$$rotH - \frac{\partial D}{\partial t} = J \quad （拡張されたアンペールの法則，微分形）\quad (5.11)$$

$$divD = \rho \quad （電束密度に関するガウスの法則，微分形）\quad (5.12)$$

$$divB = 0 \quad （磁束密度に関するガウスの法則，微分形）\quad (5.13)$$

ここで，E は電界 [V/m]，H は磁界 [A/m]，D は電束密度 [C/m^2]，B は磁束密度 [Wb/m^2][T]，t は時間 [sec]，J は電流密度 [A/m^2]，ρ は電荷密度 [C/m^3] を，rot は回転（rotation），div は発散（divergence）を表す．演算子として他に grad は勾配（gradient）を意味し各々次の様に計算される（式 (5.14)(5.15)(5.16) 参照）．

$$rotA = i\left(\frac{\partial A_z}{\partial y} - \frac{\partial A_y}{\partial z}\right) + j\left(\frac{\partial A_x}{\partial z} - \frac{\partial A_z}{\partial x}\right) + k\left(\frac{\partial A_y}{\partial x} - \frac{\partial A_x}{\partial y}\right) \quad \cdots\cdots (5.14)$$

$$divA = \frac{\partial A_x}{\partial x} + \frac{\partial A_y}{\partial y} + \frac{\partial A_z}{\partial z} \quad \cdots\cdots\cdots\cdots\cdots\cdots\cdots (5.15)$$

$$gradA = i\frac{\partial A}{\partial x} + j\frac{\partial A}{\partial y} + k\frac{\partial A}{\partial z} \quad \cdots\cdots\cdots\cdots\cdots\cdots (5.16)$$

又次の関係式も既知である.

$$D = \varepsilon \cdot E \quad \cdots\cdots\cdots\cdots\cdots\cdots\cdots\cdots\cdots\cdots\cdots\cdots (5.17)$$

$$B = \mu \cdot H \quad \cdots\cdots\cdots\cdots\cdots\cdots\cdots\cdots\cdots\cdots\cdots\cdots (5.18)$$

ここで，ε は誘電率 [F/m]，μ は透磁率 [H/m] を表す.

２－２）　周波数領域と時間領域

　周波数領域での解法としては，FEM（有限要素法）[51] と MoM 法（モーメント法）[51] が代表的あり，時間領域での解法としては，FDTD（時間領域差分法）[51] が代表的である．FEM（有限要素法）[51] では，解析対象を 4 面体メッシュで分割し微分方程式として解く．MoM 法（モーメント法）[51] では，直方体メッシュで分割し積分方程式として解く．又 FDTD（時間領域差分法）[51] では，同じく直方体メッシュで分割し差分方程式として解を得る．メッシュ分割としては 4 面体の自動生成が難しく計算量や計算時間も膨大となる．又周波数の低い領域や直流（DC）付近の解は，電磁界解析[1] では解を得る事が困難である．回路解析が電圧 V や電流 I のスカラ量を非線形常微分方程式で扱うのに対し（電力 W は扱えない），電磁界解析[1] では位置情報も含めた電界 E と磁界 H のベクトル量を線形偏微分方程式で計算する為，複雑な計算処理を行わざるを得ない．計算量を削減する為に，2 次元化した電界解析（静電界）や磁界解析（静磁界）だけの解法も存在する[52].

（3）計算機モデル

　電磁界解析[1] に用いる計算機モデルについて説明する．SPICE[24] では半導体集積回路（LSI）の素子情報（コンパクト・モデル[17] とモデル・パ

❖第5章　現象別半導体集積回路の電磁両立性検証(1)

ラメータ）と素子間接続情報を記載した SPICE ネットリスト（Netlist）[28] と言われる ASCII ファイルを使い計算を行う．回路解析，回路検証の結果が，電磁界解析[1]，電磁両立性（EMC）[2] 検証へと計算値を引き継ぐ．但し構成要素を全て記載しているので計算精度は最も高くなるが，計算速度は最も遅く，又製品全体で解析を行う際には全ての SPICE ネットリスト[28] が入手できない場合がある．そのような場合には SPICE 機能マクロモデル[53] で代用する事も出来る．PSPICE[53] 等では高度な機能記述に対応している為，半導体集積回路（LSI）の設計情報が外部に流出する事無く計算出来る．

　次に半導体集積回路の入出力部分だけをモデル化したものとして IBIS（I/O Buffer Information Specification）[54] がある．米国 Intel 社が提唱している計算機モデルで広く流通している．一般に半導体製造会社のホームページからの無償ダウンロードや，作成依頼する事で入手出来る．IMIC（I/O Interface Model for Integrated Circuits）[55] は，IBIS[54] と同様に半導体集積回路（LSI）の計算機モデルとして，JEITA（一般社団法人電子情報技術産業協会，2000 年に日本電子工業振興協会（JEIDA）と日本電子機械工業会（EIAJ）が統合して誕生）[56] で開発された．また電流源モデルと受動素子回路網 PDN（Passive Distribution Network）[57] である L（誘導素子），C（容量素子），R（抵抗素子）からモデル化したものに，商用である CPM（Chip Power Model）[58]，岡山大学・京都大学で開発された LECCS（Linear Equivalent Circuit and Current Source）[59][60]，回路解析でも適用出来る PWL（Piecewise Linear）[61] 等がある．更に入出力端子の通過特性と反射特性を周波数軸で定義した S（Scattering：散乱）パラメータ[62] も広く流通している．S パラメータ[62] は特性表記が周波数軸なので交流（AC）解析での用途であるが，近年の EDA ソフトウエアでは直流解析（DC）や過渡解析（TRAN）でも外挿特性を用いて計算出来る．LPB（LSI, Package, Board Interoperable Design）[63] については，各 EDA ソフトウエア間の入出力書式を統一する事で，解析・検証数値の書式変換等の障壁なく計算検証が可能となる．IEEE 規格[29] と IEC 規格[43] の共通仕様である（表5.10 参照）．

－ 128 －

表 5.10 主な電磁界解析 [1) 用計算機モデル [64)

番号	カテゴリ	開発元	モデル	バージョン	備考
1	機能	カリフォルニア大学バークレイ校 (UCB)	SPICE	3F5	Simulation Program with Integrated Circuit EmphasisNetlist モデル，機能マクロモデル，暗号化モデル
2	IBIS	Intel 社，IBIS Open Forum	IBIS-AMI		I/O Buffer Information Specification Algorithmic Modeling Interface
3		Intel 社，IBIS Open Forum	IBIS6	6.2	I/O Buffer Information Specification, IBIS-AMI 対応，暗号化モデル，下位互換なし
4		Intel 社，IBIS Open Forum	IBIS5	5.1	I/O Buffer Information Specification, 電源・接地波形対応,EMI サポート
5		Intel 社，IBIS Open Forum	IBIS4	4.2	I/O Buffer Information Specification, SPICE/Verilog/VHDL-AMS 対応，事実上最上位版
6		Intel 社，IBIS Open Forum	IBIS3	3.2	I/O Buffer Information Specification, LSI の I/O モデル，最多流通版
7	拡張波形	電子情報技術産業協会 (JEITA)	IMIC	1.3	I/O Interface Model for Integrated Circuits，IEC/TS 62404，EIAJ ED-5302
8		ANSYS 社, Apache 社	CPM	2	Chip Power Model
9		岡山大学・京都大学	LECCS		Linear Equivalent Circuit and Current Source
10	時間波形		PWL		Piecewise Linear
11	周波数	Intel 社，IBIS Open Forum	Sパラメータ	2	TouchStone フォーマット
12	統合書式	電子情報技術産業協会 (JEITA)	LPB	2.2	IEEE Std 2401^{TM}-2015 Standard Format for LSI-Package-Board Interoperable Design, IEC 63055

(4) EDA ソフトウエア一覧

半導体集積回路（LSI）の研究・開発・設計・製造で使用される，主な EDA ベンダと EDA ソフトウエアを纏める（表 5.11 参照）．

– 129 –

❖第5章　現象別半導体集積回路の電磁両立性検証（1）

表5.11　主な EDA ベンダと EDA ソフトウエア [65]

番号	カテゴリ	開発元	製品名	特徴
1	プロセス・シミュレータ	Synopsys	TSUPREM-4	素子開発用の1次元/2次元製造工程計算環境
			Senturus Process	素子開発用の2次元/3次元製造工程計算環境
		Silvaco	Athena+SSuprem4	汎用1次元/2次元製造工程計算環境，スタンフォード大学の環境を進化
			Victory Process	汎用2次元/3次元製造工程計算環境，スタンフォード大学の環境を進化
2	デバイス・シミュレータ	Synopsys	Medici	半導体素子の電気・熱・光特性の2次元計算環境
			Sentaurus Device	半導体素子の電気・熱・光特性の3次元計算環境
			Raphael	オンチップ寄生素子の2次元/3次元抵抗・容量・インダクタンス抽出・検証環境
		Silvaco	Atlas	シリコン，2元/3元/4元系材料素子のDC，AC，過渡解析を行う 2次元/3次元計算環境
			Victory 3D Device	シリコン，2元/3元/4元系材料素子のDC，AC，過渡解析を行う 3次元計算環境
3	TCAD（Technology CAD）	Synopsys	Sentaurus Workbench	TCADプロジェクト管理と可視化解析環境
		Silvaco	VWF（Virtual Wafer Fab）	難度の高い解析作業に対応できる統計的実験計画（DOE）を利用し，製造工程を最適化
4	素子パラメータ抽出ツール	Agilent/Keysight Technologies	IC-CAP	測定統合環境かつ SPICE モデル抽出環境
		Accelicon Technologies	MBP	SPICEモデル抽出環境，先端モデルにも対応
			MQA	抽出後の SPICE モデル検証環境
		Silvaco	UTMOST-III/IV	SPICEモデル抽出環境，先端モデルにも対応
		ProPlus Design Solutions	BSIM ProPlus	SPICEモデル抽出環境，先端モデルにも対応
5	回路シミュレータ（アナログ系）	Cadence Design Systems 　　OrCAD	Spectre / SpectreRF	回路シミュレータ/高周波回路シミュレータ
			PSPICE	回路シミュレータ（試用版あり）
		Synopsys	HSPICE	回路シミュレータ・Wエレメント
		SIEMENS/Mentor Graphics	Eldo / EldoRF	回路シミュレータ/高周波回路シミュレータ
		Berkeley Design	Analog Fast SPICE	高速テーブル SPICE
		Silvaco	SmartSpice / SmartSpiceRF	回路シミュレータ/高周波回路シミュレータ
		Agilent/Keysight Technolgies	ADS	RF/マイクロ波/高速デジタル用 EDAソフトウエア
		SIMetrix Technologies	SIMetrix	SPICE系の回路シミュレータ（試用版あり）
		SIMPLIS Technologies	SIMPLIS	スイッチング波形専用の回路シミュレータ（試用版あり）
		Analog Devices（ADI）	ADIsimPE	ICベンダが提供する回路設計環境（試用版のみ），SIMetrixにライブラリ追加
		ADI/Linear Technologies	LT-SPICE	ICベンダが提供する回路設計環境（試用版のみ）
		Texas Instruments	TINA-TI	ICベンダが提供する回路設計環境（試用版のみ）
6	PCB基板レイアウトツール	Cadence Design Systems 　　OrCAD	Allegro Design Entry	PCBフロントエンド設計環境
			PCB Designer	配置・配線テクノロジを備えた包括的な PCB 設計環境
		SIEMENS/Mentor Graphics	PADS	コンセプト設計から製品化までを網羅した回路 PCB 量産設計環境
			Xpedition Enterprise	システム設計定義から PCB 製造までを統合した PCB 設計環境
		DASSAULT SYSTEMS 　　SOLIDWORKS	SolidWorks	3次元 CAD/CAM 設計環境
		ZUKEN	CR-5000 / 8000	システムレベル設計環境
		AutoDesk/CadSoft	EagleCAD	PCBレイアウト環境（試用版あり）
		Altium LLC/Protel	Altium Designer	PCBとFPGA機能を一体化した統合環境（試用版あり）
7	電磁界ルールチェッカ	NEC	DEMITASNX	EMI抑制設計支援
		ZUKEN	EMC Adviser EX	システムレベル設計検証
		DASSAULT SYSTEMS/CST	BoardCheck	EMC/SIルール検証

－ 130 －

表 5.11　主な EDA ベンダと EDA ソフトウエア [65]（続き）

番号	カテゴリ	開発元	製品名	特徴
8	電磁界シミュレータ他	ANSYS	Fluent	汎用熱流体解析
			IcePak	電気電子機器熱流体解析
		Ansoft	HFSS	高周波 3 次元電磁界解析
			Q3D Extractor	寄生パラメータ抽出
			Maxwell3D	2 次元 /3 次元電磁界解析
			SIwave	プリント基板用 SI/PI/EMI 解析
			Designer	電磁界・電子回路 & システム統合設計環境
			Simplorer	マルチドメイン回路システム・シミュレータ
		Apache Design	RedHawk	SoC 用 PI 解析・タイミング解析・EM 解析・ESD 解析・CPM 生成
			Totem	Analog/IP 用 PI 解析・基板雑音解析・EM 解析・ESD 解析
			PowerArtist	電力見積・電力削減・電力デバッグ
			Sentinel	パッケージ / システム用 SSO 解析・RLC モデル抽出・SI/PI/EMI 解析・熱解析
		DASSAULT SYSTEMS CST	Microwave Studio	高周波電磁界解析
			EM Studio	低周波と静電磁界解析
			PCB Studio	プリント基板の SI/PI 解析
			Mphysics Studio	熱解析・応力解析
		AntennaMagus	AntennaMagus	アンテナ設計環境 /CST・FEKO ともリンク
		Cadence Design Systems Allegro	Signal Integrity	PCB レイアウト＋ SI 解析
			Power Integrity	PCB レイアウト＋ PI 解析
		Sigrity Technologies	Speed2000	時間領域 EM 解析
			PowerSI	周波数領域 SI/PI/EMI 解析
			PowerDC	PCB/ パッケージの IR ドロップ解析（熱解析含む）
			BroadbandSPICE	ネットワーク・パラメータの SPICE ネット変換
		SIEMENS/Mentor Graphics	HyperLinks	PCB 解析環境 /SI 解析・PI 解析・DRC・熱解析
			FloTHEM	電子機器冷却解析
			SystemVision	マルチドメイン協調設計環境
		Agilent/Keysight Technologies	EM Pro	3 次元電磁界解析環境
			Momemtum	3 次元プレーナ電磁界解析
			FEM	フル 3 次元電磁界解析（有限要素法）
			FDTD	有限差分時間領域電磁界解析
		National Instruments AWR	Microwave Office	RF/ マイクロ波回路設計環境
			Visual System Simulator	無線通信システム設計環境
			AnalogOffice	高周波アナログならびに RFIC 設計
			AXIEM	3D プレナ電磁場解析
		Applied Simulation Technology	ASPICE	複数ソルバからなる電磁界解析 SPICE 系回路シミュレータ
			RADIA	放射系電磁界解析
			FDTD	時間領域電磁界解析
			SPE	SI/PI/EMI 統合電磁界解析
		Altair	HyperWorks	包括的 CAE プラットフォーム
		EM Simulation Software	FEKO	包括的な高周波電磁界解析（試用版あり）
			CADFEKO	CAD 設計環境
			EDITFEKO	電磁界解析スクリプト設定
			POSTFEKO	ハイブリッドソルバ電磁界解析環境
		Integrand Software	EMX	Electro Magnetic eXtraction マスクデータを入力し Virtuoso 上で動作．RF-IC の設計用環境．S パラ抽出後計算
		SONNET Software	SONNET	平面 3 次元電磁界解析（試用版あり）

※本表に記載されている社名及び製品名は，各社の登録商標です．文書中での ™.®,© 等の各表記を省略します．

❖第5章　現象別半導体集積回路の電磁両立性検証(1)

参考文献

1) http://ednjapan.com/edn/articles/1011/01/news116.html

2) 佐藤智典, "EMCとは何か," 株式会社e・オータマ, 16 pages, Oct. 2013.

3) https://www.bell-labs.com/

4) http://www.computerhistory.org/siliconengine/invention-of-the-point-contact-transistor/

5) Michael Riordan, Lillian Hoddeson, Conyers Herring, "The Invention of The Transistor," Reviews of Modern Physics, Vol. 71, No. 2, pp. S336-S345, Centenary 1999.

6) http://www.intel.com/content/www/us/en/history/museum-story-of-intel-4004.html

7) http://www.intel.co.jp/content/www/jp/ja/innovation/processor.html

8) http://www.silvaco.co.jp/products/tcad/process_simulation/process_simulation.html

9) https://www.synopsys.com/jp2/Tools/silicon/tcad/process-simulation/Pages/default.aspx

10) http://www-tcad.stanford.edu/tcad/programs/suprem-IV.GS/Book.html

11) http://www.flooxs.tec.ufl.edu/

12) 中里和郎, "情報デバイス工学特論, 第3回シミュレーション," 名古屋大学大学院前期講義資料, 34 pages, 平成17年度.

13) H. C. Pao and C. T. Sah, "Effects of diffusion current on characteristics of metal-oxide (insulator) -semicon-ductor transistors," Solid-State Electron., Vol. 9, pp.927-937, Oct. 1966.

14) http://www-tcad.stanford.edu/tcad/programs/pisces.html

15) 佐野伸行, "デバイスシミュレーション序論・実習," 筑波大学大学院数理物質科学研究科電子物理工学専攻, 28 pages, 2015.

16) https://www.synopsys.com/silicon/tcad/interconnect-simulation/raphael.html

17) http://www.si2.org/cmc/

18) 三浦道子, 名野隆夫, 盛健次著, "回路シミュレーション技術と

− 132 −

MOSFET モデリング," サイベック（株）, ISBN-13: 978-4898080405, Mar. 2003.

19) Marie Mochizuki, Hiroyuki Tanaka, and Hirokazu Hayashi, "Efficient and Universal Method to Design Multiple Field Limiting Rings for Power Devices," SISPAD, 4 pages, 2011.

20) 尾上誠司, 西谷和人, 高木茂行, "半導体プロセスを仮想設計する TCAD シミュレーション," 東芝レビュ, Vol.58 No.6 pp.60-63, 2003.

21) 尾上誠司, 寺本竜一, 塩山善之, "半導体プロセス DFM を実現する TCAD スルーシミュレーション," 東芝レビュ, Vol.64 No.5 pp.22-25, 2009.

22) http://www.berkeley.edu/

23) http://www.berkeley.edu/news/media/releases/2005/01/05_donpederson. shtml

24) https://bwrcs.eecs.berkeley.edu/Classes/IcBook/SPICE/

25) 黒田徹著, "電子回路シミュレータ SIMetrix/SIMPLIS スペシャルパック," CQ 出版社, ISBN 978-4-7898-3831-3.

26) https://www.simetrix.co.uk/products/real-time-noise.html

27) 井上靖秋, "電子回路シミュレーション技術, 第 6 章 SPICE の限界と回路シミュレーションテクニック," 早稲田大学大学院情報生産システム研究科講義資料, 19 pages, 2008.

28) "Spice3f5 マニュアル," 日本語訳 by Ayumi' s Lab., 80 pages, 2002.

29) https://www.ieee.org/index.html

30) http://ngspice.sourceforge.net/index.html

31) 山村清隆, "ホモトピー法の実用化に関する二, 三の話題, - 理論が実用になるまで -," 群馬大学工学部情報工学科, 数理解析研究所講究録, 1040 巻 1998 年 17-23.

32) https://www.hisim.hiroshima-u.ac.jp/

33) Mitiko Miura-Mattausch, Hans Jurgen Mattausch, Tatsuya Ezaki, "The Physics and Modeling of MOSFETS, Surface-Potential and Modeling HiSIM," World Scientific Publishing Co Pte Ltd., ISBN 978-981-256-864-9,

2008.

34) https://embedded.eecs.berkeley.edu/pubs/downloads/cider/

35) http://www.aist.go.jp/aist_j/press_release/pr2004/pr20041125/pr20041125.html

36) Yuhua Cheng, Chenming Hu 著, 鳥谷部達監修, "MOSFET のモデリングと BSIM3 ユーザーズガイド," 丸善 (株), ISBN-13: 978-4621049839, 2002.

37) 稲垣亮介, "先端 LSI 極微細 MOSFET における回路シミュレーション用リーク電流モデルに関する研究," 博士課程後期学位論文, 早稲田大学大学院情報生産システム研究科専攻, 2009.

38) https://people.eecs.berkeley.edu/~hu/

39) http://bsim.berkeley.edu/

40) https://projects.si2.org/cmc_index.php

41) 各社に関する情報は, インターネット調べによる.

42) 鈴木茂夫著, "EMC と基礎技術," 工学図書株式会社, ISBN 4-7692-0349-7.

43) http://www.iec.ch/

44) http://www.insa-toulouse.fr/fr/index.html

45) 奥井康弘, "XML 言語の基礎," 40 pages, 1999.

46) http://www.ic-emc.org/

47) http://www.winspice.co.uk/

48) http://www.iec.ch/search/?q=62433

49) http://www.altairhyperworks.jp/product/feko

50) "第 13 講 Maxwell の方程式と電磁波," 東京工業大学大学院理工学研究科 武藤研究室, 14 pages, 2008.

51) 平野 拓一, "半導体回路技術者のための電磁界解析入門," 電子情報通信学会 シリコンアナログ RF 研究会発表資料, 121 pages, 2013 年 8 月.

52) http://www.apsimtech.com/

53) 森下勇著, "電子回路シミュレータ PSPICE リファレンス・ブック," CQ 出版社, ISBN 978-4-7898-3632-6.

54) https://ibis.org/

55）http://www.jeita.or.jp/cgi-bin/standard/list.cgi?cateid=5&subcateid=32

56）http://www.jeita.or.jp/japanese/

57）https://webstore.iec.ch/publication/27589

58）https://www.apache-da.com/products/redhawk/chip-power-model

59）Nobuo Funabiki, Yohei Nomura, Jun Kawashima, Yuichiro Minamisawa, Osami Wada, "A LECCS Model Parameter Optimization Algorithm for EMC Designs of IC/LSI Systems," 17th International Zurich Symposium on Electromagnetic Compatibility, pp.304-307, 2006.

60）齊藤義行，"内部結合を含む機能ブロック単位の LSI-EMC マクロモデルに関する研究，" 博士課程後期学位論文，京都大学大学院工学研究科電気工学専攻，2013.

61）藤野毅，"集積デバイス工学（12） SPICE シミュレーション，" VLSI センタ, 4 pages, 2008.

62）"スラスラ読める S パラメータ，" Bogatin Enterprises and LeCroy Corp., 15 pages, 2011.

63）http://www.jeita-sdtc.com/jeita-edatc/wg_lpb/home/lpb.html

64）各計算機モデルに関する情報は，インターネット調べによる.

65）各 EDA ベンダと EDA ソフトウエアに関する情報は，インターネット調べによる.

第6章

現象別半導体集積回路の
電磁両立性検証（2）

Abstract

現在の半導体集積回路（LSI：Large Scale Integrated Circuit）製品において，現象別に電磁両立性（EMC：Electromagnetic Compatibility）検証の具体的な計算予測例の紹介と，その技法・手法を解説する．一般的な EDA（Electronic Design Automation）ソフトウエアを計算エンジンとし，マクロ言語記述やスクリプト言語記述によって複雑な設定を行う事無く，簡便に電磁両立性（EMC）特性の計算予測結果を得る．

第6章では電磁両立性（EMC）[1]検証の新しい手法を試行・提案する．計算予測値を求解する為に測定値を利用する．真値を設定する事で又計算対象を限定する事で，計算予測全体の見通しが良くなり計算精度と計算速度の両立が可能となる．電子・電気製品全体を電磁両立性（EMC）[1]検証の計算対象とするのでは無く，半導体集積回路（LSI）単品とその応用回路，評価用プリント基板（PCB：Printed Circuit Board）を計算対象とする．

6−1　電磁両立性（EMC）特性の計算予測

半導体集積回路（LSI）とその応用回路が，電磁両立性（EMC）[1]規格に準拠するまでの流れを述べる．その為の古典的な手法[2]を，導入として紹介する．

第1段階として，電磁両立性（EMC）[1]対策前の回路に対して計算を行う．半導体集積回路（LSI）モデルは，回路計算による PWL（Piecewise Linear，第5章参照）[3]波形記述とし，プリント基板（PCB）に搭載する受動部品（抵抗素子，容量素子，誘導素子等）モデルは受動部品製造会社 SPICE（Simulation Program with Integrated Circuit Emphasis）[4]パラメータやモデル・パラメータ（第5章参照）とする．プリント基板（PCB）モデルは計算値と測定値の一致が未検証故，一致する様に寄生素子（ESR：電気的直列抵抗，ESL：電気的直列インダクタンス等）[5]を微調整する事が鍵となる．過渡解析や高速フーリエ変換（FFT：Fast Fourier Transform）を繰り返し実行する事で，計算値と測定値の誤差を小さくする．この状態を初期設定（Initialization）とする．

第2段階として，電磁両立性（EMC）[1]対策後の回路に対して計算を行う．対策回路は上記の計算検証済の回路群から，各部品や寄生素子を選択して構成する．個々の部品では無く，回路群で検証済み故，大局的に凡その計算精度で結果を得る．対策回路を繰り返し設計・計算する事で，最終的に電磁両立性（EMC）[1]規格に準拠する．この状態が計算予測（Prediction）となる（図6.1参照）．

尚半導体集積回路（LSI）設計の計算と電磁両立性（EMC）[1]検証の計算

❖第6章　現象別半導体集積回路の電磁両立性検証（2）

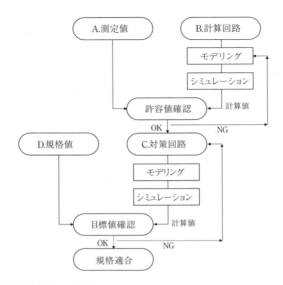

A1. 半導体集積回路（LSI）の測定値
　　・エミッション（EMI: Electromagnetic Interference, Emission）[6] 雑音を測定し，この値を真値とする
B1. 計算回路のモデリング
　　・電磁両立性（EMC）[1] 規格適合試験を実施した回路や素子等をモデル化する
　　・半導体集積回路（LSI）の電流モデルを，計算値もしくは測定値から作成する
B2. 計算回路のシミュレーション
　　・B1 の条件で過渡解析と高速フーリエ変換（FFT）を実行し，時間領域から周波数領域に変換する
B3. 測定値と計算値の誤差を確認
　　・A1 の測定値と B2 の計算値の誤差を確認する
　　・差異が認められる場合は，その周波数特性からどのモデリングに誤差があったかを推測する
　　・寄生素子含め定数等の変更後，再度計算し誤差を確認する．許容値内になるまで B1～B3 を繰り返し行う
　　・許容値内になれば，この時のモデリングを固定化する
C1. 対策回路の考察
　　・現状の特性から目標値（規格値）を満足するまで，どの様な対策回路が最適かを考察する
C2. 対策回路のモデリング
　　・C1 の回路を B1 で決めたモデルを使って実現する．測定値と計算値の誤差が少ない検証済み素子で記述するので，予測値（計算値）の誤差を小さく出来る
C3. 対策回路のシミュレーション
　　・C2 の回路で過渡解析と高速フーリエ変換（FFT）を実行し，時間領域から周波数領域に変換する
D1. 目標値と計算値の誤差を確認
　　・目標値（規格値）を満足するまで，C1～C3 を繰り返し行う

図 6.1　電磁両立性（EMC）[1] 規格適合までの流れ図

では，大きく異なる認識がある．前者は差動演算増幅器の増幅率等，例えば±0.1dB以内の高精度計算が必要である．一方後者は雑音計算故，特定の限度値以上若しくは限度値以下であれば良く，限度値付近以外であれば（適合不適合判定が逆転しなければ），例えば6dBの計算誤差が発生しても問題とならない場合がある．従って計算誤差についても，各々の特徴を理解して取り扱う必要がある．

❖第6章　現象別半導体集積回路の電磁両立性検証(2)

6-2　測定値ベースの計算機モデル (エミッション計算検証)

　半導体集積回路 (LSI) の回路計算では，半導体素子 (トランジスタ) をはじめ受動素子 (抵抗素子，容量素子等) の SPICE[4] パラメータやモデル・パラメータを入力し半導体集積回路 (LSI) 設計者が記述した回路図の電気的特性を計算する．一昔前と異なり現在はコンパクト・モデル (第5章参照) の発展が目覚ましく，計算結果と実際に半導体集積回路 (LSI) を試作後測定した結果が凡そ一致する．この場合計算値だけから電気的特性を計算予測して，測定値と一致したと思われるが，実は計算機に入力する半導体素子 (トランジスタ) の SPICE[4] パラメータやモデル・パラメータは，測定値から抽出される．TEG (Test Element Gear, 特性評価用珪素片 (シリコン・チップ)) から測定した半導体素子 (トランジスタ) の電流特性 (IV 曲線) や容量特性 (CV 曲線) に合う様にパラメータを抽出する (第5章参照)．以上より半導体集積回路 (LSI) の回路計算も，測定値を考慮した計算機モデルが使用される (以降，測定値ベースの計算機モデル，DPS：Difference Predictive Simulation Model と記述する)．

　電磁両立性 (EMC)[1] 検証においても，同じ手法を適用する事を試行・提案する．測定値を考慮して計算機モデルを抽出する．その為に電磁両立性 (EMC)[1] 検証の計算予測の大前提として，測定値を真値として扱い計算値の基準を設定する．計算値だけで計算予測する場合は，測定値との誤差が発生する場合がある．そこで計算値と測定値の誤差は，差分補正値 (DCV：Difference Corrected Value) を使って不確定要素を全てその中に含める事を考える．電子・電気製品の構成要素を詳細に見ると，樹脂封止品 (パッケージ) を含めた半導体集積回路 (LSI) 等の能動部品や抵抗素子・容量素子・誘導素子等の受動部品は，測定値を元に計算機モデルが作成される．しかしながら，プリント基板 (PCB) の計算機モデルが測定値から作成された例は稀に思われる．測定値ベースの計算機モデル (DPS) が使われて無いのは，プリント基板 (PCB) である可能性が高い．そこでプリント基板 (PCB) の寄生素子の影響等も差分補正値 (DCV) に含め，更には形状も単純な基板に置き換え，その差異を差分

- 142 -

補正値(DCV)に含める事で簡便となる計算検証を考察する（図6.2参照）．

一般的な電磁界解析（Electromagnetic Analysis）[7]では，半導体集積回路（LSI），プリント基板（PCB）や搭載部品に対して出来る限り詳細な情報を集める必要がある事を述べた（第5章参照）．対して電磁両立性（EMC）[1]検証では，逆にどこまで情報を少なくして簡便に且つ正確に検証出来るかを試行する．測定値という真値の導入と，測定値から得た差分補正値（DCV）を導入する事で，状況は大変有利となる．具体的には計算機モデルの作成簡略化，高い計算精度の確保，劇的な計算時間の短縮，計算環境構築の高額投資削減等の利点に期待する．電磁界解析（Electromagnetic Analysis）[7]の高速解析の為の，線形モデル解析（SLS：Super Linear Solver）[8]や縮退モデル解析（MOR：Model Order Reduction）[8]等と同等の狙いがある．

電磁両立性（EMC）[1]検証における，測定値ベースの計算機モデル（DPS）について言及する．伝導エミッション（CE：Conducted Emission）と放射エミッション（RE：Radiated Emission）の計算検証に適用する．

第1段階の初期設定（Initialization）では，前述の差分補正値（DCV）を数式で表現すると，極めて単純な式として記述できる（式(6.1)参照）．

$$DELTA0 = SIM0 - MSR0 \quad \cdots\cdots\cdots\cdots\cdots\cdots\cdots\cdots\cdots\cdots\cdots \quad (6.1)$$

ここで，$DELTA\,0$ は差分補正値（DCV）を，$SIM\,0$ は電磁両立性（EMC）[1]対策前の計算値を，$MSR\,0$ は電磁両立性（EMC）[1]対策前の測定値を示す．

図6.2 測定値ベースの計算機モデル（DPS）の概念

この差分補正値 (DCV) *DELTA* 0 を計算する事が重要である（図 6.3 参照）.

差分補正値 (DCV) *DELTA* 0 が得られれば，電磁両立性 (EMC)[1] 対策前の計算値 *SIM* 0 から減算を行う事で，電磁両立性 (EMC)[1] 対策前の測定値 *MSR* 0 を計算予測値 *OPT* として得る（式 (6.2) 参照）.

$$
\begin{aligned}
OPT &= SIM0 - DELTA0 \\
&= SIM0 - (SIM0 - MSR0) \\
&= MSR0
\end{aligned}
\quad\cdots\cdots (6.2)
$$

ここで，*OPT*（最適化：Optimization）は測定値を考慮した電磁両立性 (EMC)[1] 対策前の計算値を示す．再記すると差分計算を行う事によって電磁両立性 (EMC)[1] 対策前の計算予測値 *OPT* は，電磁両立性 (EMC)[1] 対策前の測定値 *MSR* 0 と一致する（図 6.4 参照）.

第 2 段階の計算予測 (Prediction) では，電磁両立性 (EMC)[1] 対策後の

図 6.3　差分補正値 (DCV) DELTA0 の算出

図 6.4　最適化 (Optimization) の計算概念

計算値 *SIM* から同じく差分補正値 (DCV) *DELTA* 0 を減算する（式 (6.3) 参照）．

$$\begin{aligned}PREDIC &= SIM - DELTA0 \\ &= SIM - (SIM0 - MSR0) \\ &= MSR0 - (SIM0 - SIM)\end{aligned} \quad (6.3)$$

ここで，*PREDIC*（計算予測：Prediction）は測定値を考慮した電磁両立性 (EMC)[1] 対策後の計算予測値を，*SIM* は電磁両立性 (EMC)[1] 対策後の計算値を示す．差分計算を行う事によって電磁両立性 (EMC)[1] 対策後の計算予測値 *PREDIC* は，測定値（真値）*MSR* 0 から電磁両立性 (EMC)[1] 対策回路の効果 *SIM* 0-*SIM* を減じた値となる．電磁両立性 (EMC)[1] 対策前後で変化の無い部分，例えば半導体集積回路 (LSI)，樹脂封止品（パッケージ），プリント基板 (PCB)，対策回路以外の受動素子等の影響は全て相殺（キャンセル）され計算予測に影響する事無く，最小の計算誤差を得る．唯一計算誤差が発生する回路は，対策回路の効果 *SIM* 0-*SIM* の部分である事が推察出来る．式 (6.3) は計算値そのものよりも，第2項と第3項の差分計算が示す物理的解釈が重要と考える．（図 6.5 参照）．

又測定値 *MSR* 0 を零（ゼロ）と入力した場合は，電磁両立性 (EMC)[1] 対策回路の減衰特性を計算予測値として得る（式 (6.4) 参照）．

図 6.5 計算予測 (Prediction) の計算概念

❖第6章　現象別半導体集積回路の電磁両立性検証（2）

$$PREDIC$$
$$= MSR0 - (SIM0 - SIM)$$
$$= SIM - SIM0 \quad\quad\quad \cdots\cdots\cdots\cdots\cdots\cdots\cdots\cdots\cdots\cdots\cdots \quad (6.4)$$

　以上の計算過程は，アナログ半導体集積回路（LSI）設計での「抵抗トリミング」の過程と酷似する．絶対値で計算すると誤差が大きいものの（計算値だけの予測），相対値で計算すると意外と正解に近いという差分計算法である（差分計算での予測）．一般に１回の計算で求解出来る計算法が絶対値計算で，２回以上の計算で求解出来る計算法が相対値計算（差分計算法）と言える．補足であるが，アナログ半導体集積回路（LSI）設計では素子の絶対値で特性が決まる回路設計（絶対値設計）は御法度で，全て素子間の相対値で特性が決まる様に回路設計（相対値設計）を行う．半導体集積回路（LSI）内の素子バラツキに対応する為である（第１章参照）．

－ 146 －

6-3 測定値ベースの計算機モデル（イミュニティ計算検証）

伝導イミュニティ（CI：Conducted Immunity）と放射イミュニティ（RI：Radiated Immunity）の計算検証の場合，測定値ベースの計算機モデル（DPS）は，誤動作閾値（IB：Immunity Behavior）[9]モデルがそれに該当する．

IEC 62132-4 規格 DPI（Direct RF Power Injection）法[10]の場合，実際の測定では電力増幅器に双方向性結合器（Dual-Directional Coupler）[11]を接続し容量素子 C を介して電源端子等に電力 W を注入する．被測定回路 DUT（Device Under Test）である半導体集積回路（LSI）が誤動作した時の進行波電力 W_f を，その時の測定値として記録する．

第1段階の初期設定（Initialization）として初めに測定系と等価な回路図を作成し，測定値（進行波電力 W_f）を50Ω換算で電圧 V_f や電流 I_f に変換した値（電圧の場合は $MSR(V)$）を計算回路に印加する．ここで R は信号源抵抗を，TL は伝送線路，トランスミッション・ライン（Transmission Line）[12]を示す．回路解析によって得た被計算回路 DUT の電源端子の電圧 V や電流 I が，誤動作閾値（IB）[9]モデルとなる（図6.6 参照）．

次に電磁両立性（EMC）[1]対策前の測定値（進行波電力 W_f）を計算検証で求める為には，減衰係数 THETA [13]を有効とした正弦波信号 $SIM(V)$ や $SIM(I)$ を入力源とした回路解析を行い，被計算回路 DUT が誤動作

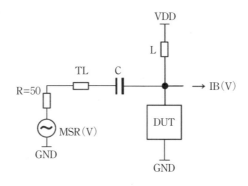

図6.6 誤動作閾値（IB）[9] モデルの計算概念

した時の電力値（図中の W）を取得すれば，測定値（進行波電力 W_f）が再現出来る．ここで差動演算増幅器は，誤動作閾値[9] $IB(V)$ と被計算回路 DUT への伝達雑音の大きさを比較判定する仮想演算器を示す（図6.7参照）．尚回路解析では直接電力 W は扱う事が出来無いが，電圧 V や電流 I から電力 W を計算する事はマクロ言語記述やスクリプト言語記述で可能となる．

第2段階の計算予測（Prediction）で電磁両立性（EMC）[1]対策後の計算予測値を求める為には，減衰係数 $THETA$ [13]を有効とした正弦波信号 $SIM(V)$ や $SIM(I)$ が直接被計算回路 DUT に伝導しない様に，接地 GND に対してインピーダンス Z を接続し回避経路を設定する，もしくは被計算回路 DUT との合成インピーダンス Z を低減させる．インピーダンス Z を最適に設定する事で IEC 62132-4 規格 DPI 法[10]の誤動作耐性の向上が期待できる（図6.8参照）．

エミッション計算検証やイミュニティ計算検証は，実用面でも有効性が確認出来る．電磁両立性（EMC）[1]対策を測定現場で行う際，受動部品の取り付け・取り外しを頻繁に行う場合も有り得る．事前に計算予測で電磁両立性（EMC）[1]対策回路の最適化を検討しておく事で，測定現場での作業時間短縮にもその効果を認める．ここで測定値を計算値に用いるという事は，試作1回目の半導体集積回路（LSI）である ES1（First

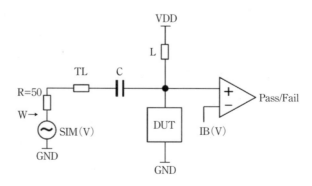

図6.7　初期設定（Initialization）の計算概念

Engineering Sample, ファーストカット・サンプル) の回路設計段階には適用不適と判断しがちである．しかしながら半導体集積回路 (LSI) は，類似機種の開発や機能追加の開発が案外と多く，全く新原理設計・新規回路設計の開発は意外と少ない．このような場合は類似機種の測定値を利用して，計算機モデルを作成・適用する事が可能となる．

又各々電磁両立性 (EMC)[1] 対策が，プリント基板 (PCB) 上での対応か半導体集積回路 (LSI) 内での対策かも，対策回路の受動部品・能動部品の回路構成や回路定数等により判断する．電磁両立性 (EMC)[1] 設計は，プリント基板 (PCB) 上の対策だけでも，半導体集積回路 (LSI) 内の対策だけでもその効果は十分で無く，双方が共に協調して回路設計を実施する事でその相乗効果を得る．

次節以降にこれらを適用した，代表的な現象別半導体集積回路 (LSI) の電磁両立性 (EMC)[1] 検証例を挙げる．

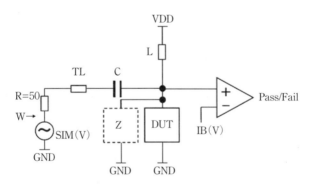

図 6.8 計算予測 (Prediction) の計算概念

6-4 伝導エミッション(CE)計算検証
(1) 電磁両立性検証例(断続(スイッチング)電源) ローム㈱

　弊社製品の一般的な断続(スイッチング)電源を例に挙げる．入力電圧よりも出力電圧が小さい降圧電源で，出力電流は 3A (アンペア) である．電磁両立性(EMC)[1] 対策前後の伝導エミッション(CE)特性をCISPR32 規格電圧プローブ法 ClassB 基準[14] で適合判定する．検証周波数は，断続(スイッチング)周波数の基本波とその高調波で最大 30MHz(もしくは100MHz)とする．計算検証アルゴリズムは IEC 62433-2 規格[15]に準拠し，回路解析(過渡解析)1回をスクリプト言語記述で行い，約2分程度で完了する(Windows7_Pro/32bit/2.8GHz/4GB/1Core，図 6.9，図6.10 参照)．第1段階の初期設定(Initialization)では，電磁両立性(EMC)[1]対策前の測定値と計算値からそれらの差分補正値(DCV)を求める．第2段階の計算予測(Prediction)では，電磁両立性(EMC)[1] 対策後の特性を差分補正値(DCV)を考慮して計算予測する．測定値ベースの計算機モデル(DPS)を使って，電磁両立性(EMC)[1]対策前の測定値と計算値を示す(図6.11 参照)．断続(スイッチング)電源の基本周波数からその高調波の計算値が，その測定値と凡そ一致する．測定値の床雑音(フロ

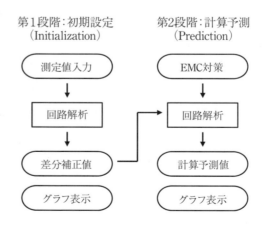

図 6.9　伝導エミッション(CE)計算検証の流れ図

ア・ノイズ）[16]が大きいのは，半導体集積回路の部分発振に起因する（現在 ES 試作中・次版の改善項目）．計算値の床雑音[16]では，測定値の無信号時床雑音を表示させる．一方電磁両立性（EMC）[1]対策後の測定値と計算値を示す（図 6.12 参照）．同様に断続（スイッチング）周波数の基本波とその高調波の計算値が，その測定値と良い一致傾向を示し，CISPR32 規格電圧プローブ法 ClassB 基準[14]に準拠する結果を得る．他に IEC 61967-4（1Ω法/150Ω法）規格[17]，CISPR25 規格電圧プローブ法・電流プローブ法[18]，半導体集積回路（LSI）単品の電磁両立性（EMC）[1]特性評価等に対応する．尚回路解析ソフトウエアは英国 SIMetrix Technologies 社 SIMetrix7.2 製品[19]を選択し，測定値ベースでは無いものの本試行と同等の機能が EDA ソフトウエア IC-EMC（Electromagnetic Compatibility (EMC) of Integrated Circuits (IC)[20]，第 5 章参照）にも搭載される．

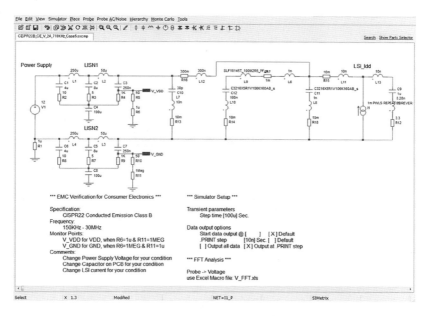

図 6.10　伝導エミッション（CE）回路解析用検証回路図例

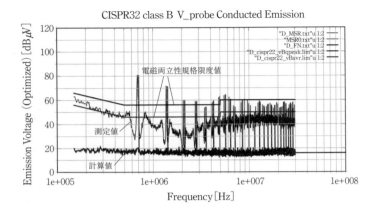

図 6.11　伝導エミッション（CE）初期設定 ＿ 断続（スイッチング）電源 ＿ 電磁両立性（EMC）対策前

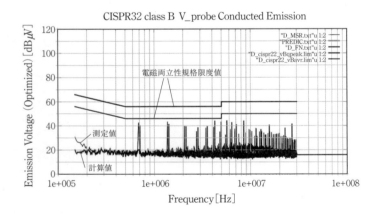

図 6.12　伝導エミッション（CE）計算予測 ＿ 断続（スイッチング）電源 ＿ 電磁両立性（EMC）対策後

6－5　放射エミッション（RE）計算検証
（1）電磁両立性検証例（断続（スイッチング）電源）　ローム㈱

　弊社製品の一般的な断続（スイッチング）電源を例に挙げる．入力電圧よりも出力電圧が小さい降圧電源で，出力電流は2A（アンペア）である．電磁両立性（EMC）[1]対策前後の放射エミッション（RE：Radiated Emission）特性をCISPR32規格3m法ClassA・ClassB基準[21]で適合判定する．検証周波数は，断続（スイッチング）周波数の基本波とその高調波で100周波数を設定する．計算検証アルゴリズムはIEC 62433-3規格[22]の派生とし，独自に回路解析（過渡解析）1回，電磁界解析（MoM：Method of Moment，モーメント法）100回をスクリプト言語記述で行い，約10分程度で完了する（Windows7_Pro/64bit/2.8GHz/4GB/1Core，図6.13，図6.14，図6.15参照）．第1段階の初期設定（Initialization）では，電磁両立性（EMC）[1]対策前の測定値と計算値からそれらの差分補正値（DCV）を求める．第2段階の計算予測（Prediction）では，電磁両立性（EMC）[1]対策後の特性を差分補正値（DCV）を考慮して計算予測する．

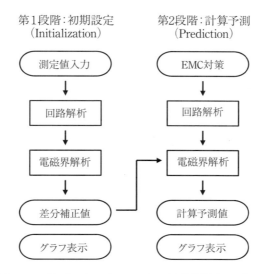

図6.13　放射エミッション（RE）計算検証の流れ図

❖第6章 現象別半導体集積回路の電磁両立性検証(2)

測定値ベースの計算機モデル（DPS）を使って，電磁両立性（EMC）[1]対策前の測定値と計算値を示す（図6.16参照）．断続（スイッチング）周波数の基本波とその高調波の計算値が，その測定値と凡そ一致する．尚計算値の床雑音[16]では，測定値の無信号時床雑音を表示させる．一方電

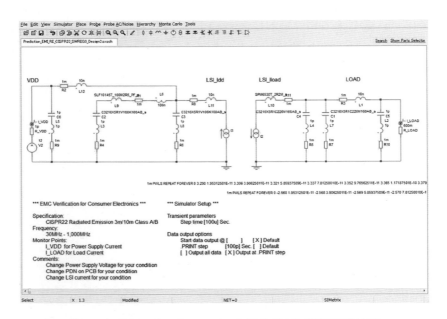

図6.14 放射エミッション（RE）回路解析用検証回路図例

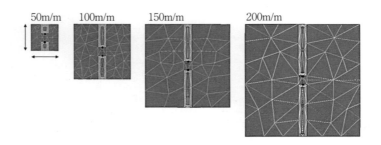

図6.15 放射エミッション（RE）電磁界解析用検証基板例

磁両立性（EMC）[1]対策後の測定値と計算値を示す（図6.17参照）．同様に基本周波数とその高調波の計算値が，その測定値と凡そ良い一致傾向を示すが，この状態ではCISPR32規格3m法ClassB基準[21]に準拠しない結果を得る（ClassA基準には準拠）．他にCISPR32規格10m法[21]に対

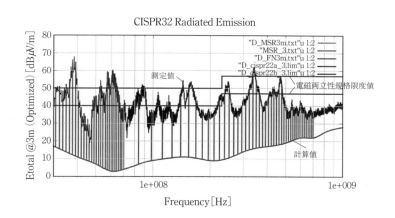

図6.16　放射エミッション（RE）初期設定＿断続（スイッチング）電源＿電磁両立性（EMC）対策前

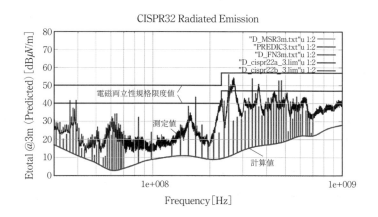

図6.17　放射エミッション（RE）計算予測＿断続（スイッチング）電源＿電磁両立性（EMC）対策後

❖第6章　現象別半導体集積回路の電磁両立性検証（2）

応する．この版では，中間数値処理の包絡線（エンベロープ）処理にグ
ラフ化ソフトウエア GnuPlot[23] の分割スプライン関数近似[24] を用いる．
現在周波数帯分割数を3としているが，例えば10程度に数を増やす事
でより計算精度が高くなる．又遠方界電界値 E は水平成分 E_H と垂直成
分 E_V の2乗和平均の合成値[25]であるが，各々の表示も可能とする（式
(6.5) 参照）．

$$E = \sqrt{(E_H \cdot E_H + E_V \cdot E_V)} \quad \cdots\cdots\cdots\cdots\cdots\cdots\cdots\cdots\cdots\cdots\cdots \quad (6.5)$$

尚回路解析ソフトウエアは前述の SIMetrix7.2 製品[19] を，電磁界解析ソ
フトウエアは米国 Altair 社 HyperWorks/FEKO14 製品（統合前は南アフ
リカ共和国 EM Simulation Software 社 FEKO14 製品）[26]を選択する．後者
は計算時間が短く，メモリ使用量が少ない（20MB 程度）のも特徴であ
る．本試行と同等の機能が前述の IC-EMC[20]（第5章参照）の最新版（も
しくは限定版）に搭載される．

6－6 伝導イミュニティ（CI）計算検証
(1) 電磁両立性検証例（マイコン）

他社製品の一般的なマイコンを例に挙げる．電磁両立性（EMC）[1]対策前後の伝導イミュニティ（CI）特性を IEC 62132-4 規格 DPI（<u>D</u>irect RF <u>P</u>ower <u>I</u>njection）法[10]（BISS 規格 Global Pin・Local Pin 基準[27]）で適合判定する．検証周波数は，同規格で設定された 278 周波数である．計算検証アルゴリズムは IEC 62433-4 規格[28]に準拠し，回路解析（過渡解析）278 回をスクリプト言語記述で行い，約 10 分程度で完了する（Windows7_Pro/32bit/2.8GHz/4GB/1Core，図 6.18，図 6.19 参照）．第 1 段階の初期設定（Initialization）では，電磁両立性（EMC）[1]対策前の測定値から誤動作閾値（IB）[9]モデルを抽出する．第 2 段階の計算予測（Prediction）では，電磁両立性（EMC）[1]対策後の特性を誤動作閾値（IB）[9]モデルを考慮して計算予測する．電磁両立性（EMC）[1]対策前の測定値と計算値を示す（図 6.20 参照）．誤動作する進行波電力 W_f の計算値が，その測定値と凡そ一致する．一方電磁両立性（EMC）[1]対策後の測定値と計算値を示す（図 6.21 参照）．同様に誤動作する進行波電力 W_f の計算値が，高周波領域でその測定値と凡そ良い一致傾向を示し，この状態で IEC

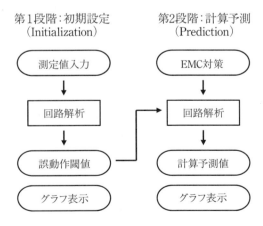

図 6.18　伝導イミュニティ（CI）計算検証の流れ図

❖第6章　現象別半導体集積回路の電磁両立性検証（2）

62132-4 規格 DPI 法 [10]（BISS 規格の Local Pin 基準 [27]）に準拠する結果を得る．低周波領域では，限度値以上の計算予測値を得るので規格準拠と判定する．尚回路解析ソフトウエアは前述の SIMetrix7.2 製品 [19] を選択し，本試行と同等の機能が前述の IC-EMC [20]（第5章参照）にも搭載される．本検証は（一社）電子情報技術産業協会 JEITA/ 集積回路製品技術委員会/ 半導体 EMC サブコミティ [29] の実証実験として試行した．

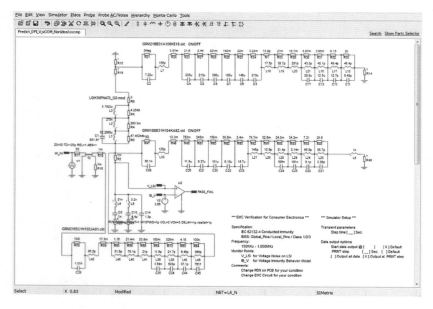

図 6.19　伝導イミュニティ（CI）回路解析用検証回路図例

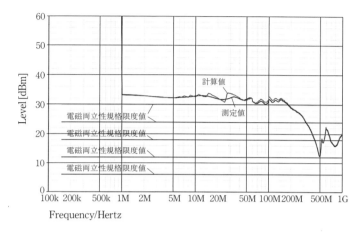

図 6.20　伝導イミュニティ (CI) 初期設定 _ マイコン
　　　　 電磁両立性 (EMC) 対策前

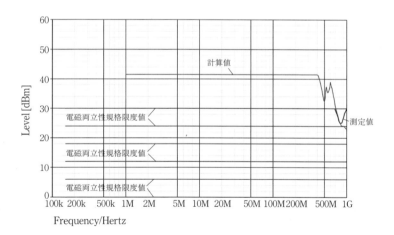

図 6.21　伝導イミュニティ (CI) 計算予測 _ マイコン
　　　　 電磁両立性 (EMC) 対策後

6-7 放射イミュニティ (RI) 計算検証
(1) 電磁両立性検証例 (差動演算増幅器)　ローム㈱

　弊社製品の一般的な差動演算増幅器を例に挙げる．電磁両立性 (EMC)[1]対策前後の放射イミュニティ (RI) 特性を IEC 61000-4-3 規格[30]で適合判定する．検証周波数は，任意の65周波数とする．計算検証アルゴリズムは IEC 62433-5 規格[31]として未確立の為 IEC 62433-4 規格[28]の派生とし，独自に回路解析 (過渡解析) 260回，電磁界解析 (MoM：Method of Moment，モーメント法) 130回をスクリプト言語記述で行い，約15分程度で完了する (Windows7_Pro/64bit/2.8GHz/4GB/1Core，図 6.22，図 6.23，図 6.24 参照)．第1段階の初期設定 (Initialization) では，電磁両立性 (EMC)[1]対策前の測定値から誤動作閾値 (IB)[9]モデルを抽出する．第2段階の計算予測 (Prediction) では，電磁両立性 (EMC)[1]対策後の特性を誤動作閾値 (IB)[9]モデルを考慮して計算予測する．電磁両立性 (EMC)[1]対策前の測定値と計算値を示す (図 6.25，図 6.26 参照)．誤動作する電界の計算値が，その測定値と凡そ一致する．

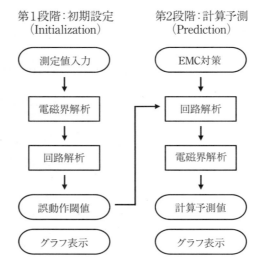

図 6.22　放射イミュニティ (RI) 計算検証の流れ図

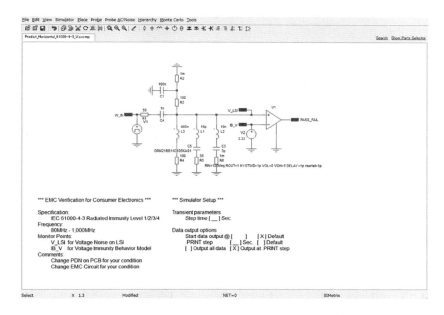

図 6.23 放射イミュニティ(RI)回路解析用検証回路図例

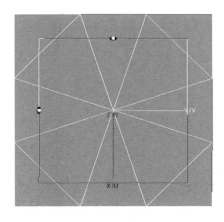

図 6.24 放射イミュニティ(RI)電磁界解析用検証基板例

❖第6章 現象別半導体集積回路の電磁両立性検証（2）

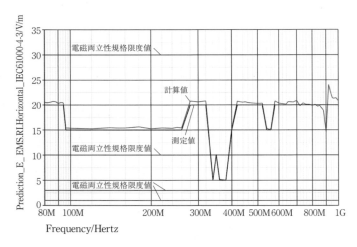

図 6.25 放射イミュニティ（RI）初期設定 ＿ 差動演算増幅器 電磁両立性（EMC）対策前 ＿ 水平

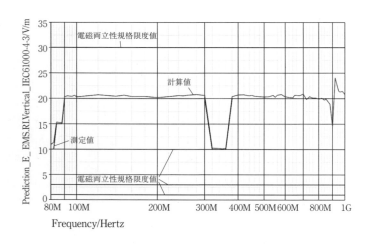

図 6.26 放射イミュニティ（RI）初期設定 ＿ 差動演算増幅器 電磁両立性（EMC）対策前 ＿ 垂直

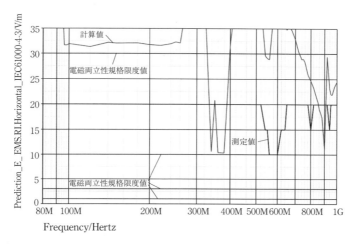

図 6.27　放射イミュニティ（RI）計算予測＿差動演算増幅器
電磁両立性（EMC）対策前＿水平

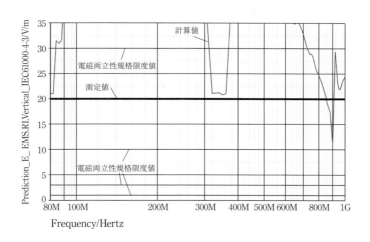

図 6.28　放射イミュニティ（RI）計算予測＿差動演算増幅器
電磁両立性（EMC）対策前＿垂直

❖第6章　現象別半導体集積回路の電磁両立性検証（2）

　一方電磁両立性（EMC）[1]対策後の測定値と計算値を示す（図6.27，図6.28参照）．誤動作する電界の計算値とその測定値を比較すると，この版では周波数軸方向での一致が認められない（測定結果より，電界強度20V/m以上の計算値を誤動作無しと判定する）．電磁両立性（EMC）[1]対策によって共振周波数・反共振周波数が移動する様な事例等には，次版の対応を必要とする．補足であるがIEC 61000-4-3規格[30]の測定は各電界値に対して合否適合判定である為，本来は誤動作の強弱は図示出来無い．そこで試験電界強度を離散値で低電界強度から高電界強度まで試験する事で，その誤動作閾値（IB）[9]を疑似的に得る．尚回路解析ソフトウエアは前述のSIMetrix7.2製品[19]を，電磁界解析ソフトウエアは前述のFEKO14製品[26]を選択する．

　以上により，現象別に半導体集積回路（LSI）の電磁両立性（EMC）[1]検証を試行した．計算精度・計算速度・計算準備等まだまだ改良の余地がある．しかしながら電磁両立性（EMC）[1]の対策回路の効果が全く計算予測出来なかった状況と，凡そであるが計算予測出来る状況を比較すると雲泥の差があると考える．又各々の計算検証を事前に構築しておく事で，別規格の計算検証であっても回路図等の変更により迅速な対応が比較的容易となる．本計算検証を計算精度と計算速度両立の為の電磁両立性（EMC）[1]計算検証の雛型として捉え，今後も改良・改版を重ねながら半導体集積回路（LSI）設計者への普及と実用化に尽力する．現在も電磁両立性（EMC）[1]に関して，数多くの多様な論文・技術提案等が投稿されている．それらを礎として更に新しい研究・開発・実用化が行われ，近い将来に回路検証と同等精度の計算予測が簡便に実現する事を願う．

参考文献

1) 佐藤智典，"EMC とは何か，" 株式会社 e・オータマ, 16 pages, Oct. 2013.

2) 公開特許広報（A），"半導体集積回路の設計支援装置，半導体集積回路の不要輻射の対策方法，コンピュータプログラム，" ローム株式会社，特開 2017-68492（P2017-68492A），平成 29 年 4 月 6 日（2017. 4. 6）公開.

3) 藤野毅，"集積デバイス工学（12）SPICE シミュレーション，" VLSI センタ, 4 pages, 2008.

4) https://bwrcs.eecs.berkeley.edu/Classes/IcBook/SPICE/

5) "インピーダンス測定ハンドブック 2003 年 11 月版，" Agilent Technologies, October 31, 2003, 5950-3000JA, 0000-02H.

6) 鈴木茂夫著，"EMC と基礎技術，" 工学図書株式会社, ISBN4-7692-0349-7.

7) http://ednjapan.com/edn/articles/1011/01/news116.html

8) http://www.apsimtech.com/

9) http://www.ic-emc.org/download/EMCCompo%202011-Tutorial.pdf

10) https://webstore.iec.ch/publication/6510

11) https://www.minicircuits.com/pdfs/ZFBDC20-13HP+.pdf

12) "SIMetrix SPICE AND MIXED MODE SIMULATION USER' S MANUAL," SIMetrix Technologies Ltd. 1992-2012.

13) "Spice3f5 マニュアル，" 日本語訳 by Ayumi' s Lab., 80 pages, 2002.

14) https://webstore.iec.ch/publication/22046

15) https://webstore.iec.ch/publication/27589

16) "Technical Note スペクトラムアナライザの基礎 Ver.3.1," アンリツ株式会社, 18 pages, SpectrumAnalyzer – J-E-1, 2007.

17) https://webstore.iec.ch/publication/6187

18) https://webstore.iec.ch/publication/26122

19) https://www.simetrix.co.uk/

20) http://www.ic-emc.org/

21) https://webstore.iec.ch/publication/22046

22) https://webstore.iec.ch/publication/33478

❖第6章 現象別半導体集積回路の電磁両立性検証（2）

23) http://www.gnuplot.info/

24) 矢吹道郎監修，大竹敢著，"使いこなす gnuplot 改訂第 2 版 Version4.0 対応,"テクノプレス，ISBN-924998-69-9.

25) "基礎から学ぶ EMC（初級編）Try！EMC シミュレーション,"月刊 EMC2010 年 6 月号，No.266，pp.28-48.

26) https://www.feko.info/

27) http://ieeexplore.ieee.org/document/6237982/

28) https://webstore.iec.ch/publication/24943

29) http://www.jeita.or.jp/japanese/

30) https://webstore.iec.ch/publication/4212

31) https://webstore.iec.ch/publication/7008

第7章

現象別半導体集積回路の 電磁両立性検証（3）

Abstract

　現在の半導体集積回路（LSI：Large Scale Integrated Circuit）製品において，現象別に電磁両立性（EMC：Electromagnetic Compatibility）検証の具体的な計算例の紹介と，その技法・手法を解説する．学術論文や技術文献にある静電気放電（ESD：Electro Static Discharge）に関する記述を検証し，半導体集積回路（LSI）の電磁両立性（EMC）検証に適用する．接触放電（CD：Contact Discharge）に関して，回路解析により電磁両立性（EMC）特性の計算予測結果を得て珪素片（チップ）上への回路対策を実施する．

第7章では初めに半導体集積回路（LSI）の動作範囲や静電気放電（ESD）[1]等の，概要と国際規格について簡略に述べる．次に静電気放電（ESD）[1]銃に関する学術論文・技術文献の計算検証を行い，最後にそれらを発展させ半導体集積回路（LSI）の入出力段回路構成（I/O：Input/Output terminal）の妥当性を計算予測する．ここでは第6章で述べた測定値ベースの計算機モデル（DPS：Difference Predictive Simulation Model）や差分補正値（DCV：Difference Corrected Value）は使わず，計算値だけでの検証とする．静電気放電（ESD）[1]誤動作試験，IEC61000-4-2規格[2]は放射無線周波数電磁界誤動作試験，IEC 61000-4-3規格[3]と同様に，測定結果は各電圧値・電界値に対する合否適合判定となり，誤動作閾値（IB：Immunity Behavior）[4]を直接取得しない為である．

7−1　半導体集積回路の動作範囲, 静電気放電, と伝導尖頭波等による影響

　半導体集積回路（LSI）製品には，半導体製造会社がその動作条件を推奨する推奨動作範囲（Recommended Operating Condition）[5]と，一瞬たりともその電圧を超えてはいけない絶対最大定格（Absolute Maximum Ratings）[6]がある．規定電源電圧等を超えた使用は，電気的特性をはじめ信頼性等一切の保証が行われない．又半導体集積回路（LSI）内の半導体素子（トランジスタ）が安全に動作出来る領域は，例えばバイポーラ素子の場合コレクタ・エミッタ間電圧 V_{CE} とコレクタ電流 IC 等から安全動作領域 ASO（Area of Safety Operation）[7]として定義される．絶対最大定格を超える電圧や電流を半導体集積回路（LSI）に印加した場合，半導体素子自体の耐性超過により破壊に至る事がある．この際の破壊原因を，電気的過障害 EOS（Electrical Overstress）[8]と言う．

　静電気放電（ESD）[1]による半導体集積回路（LSI）の破壊試験等の国際規格としては，米国半導体技術協会 JEDEC（Solid State Technology Association，旧電子機器技術評議会 Joint Electron Device Engineering Councils）[9]により制定される．人体モデル（HBM：Human Body Model）[10]，機械モデル（MM：Machine Model）[11]，素子帯電モデル（CDM：Charged Device Model）[12]がそれに該当する．又静電気放電（ESD）[1]とは異なるが，

❖第7章　現象別半導体集積回路の電磁両立性検証（3）

半導体集積回路（LSI）特有の試験としてラッチアップ試験（障害印加により電源接地間に寄生サイリスタ構造が誘発し，過大電流により素子破壊に至る．電源遮断するまで制御不能となり過大電流が継続する現象）[13]も制定される（表7.1 参照）．

尚機械モデル（MM）[11]については一般社団法人電子情報技術産業協会（JEITA：Japan Electronics and Information Technology Industries Association）[14]の ESD 耐量適正化 PG（プロジェクト・グループ）の活動成果もあり，現在は廃止される．半導体集積回路（LSI）の製造工程微細化（第1章参照）に伴い製造設備も厳格に管理する状況で，機械モデル（MM）の規格を満足させる事が時代にそぐわない為である（半導体集積回路（LSI）の過剰品質抑制）．

一方静電気放電（ESD）[1]による半導体集積回路（LSI）の誤動作試験としては，代表的な規格として車載用静電気放電（ESD）[1]誤動作試験，ISO10605 規格 [15]，Road Vehicles - Test methods for electrical disturbances from electrostatic discharge と，静電気放電（ESD）[1]誤動作試験，IEC 61000-4-2 規格 [2]，Electromagnetic compatibility（EMC）– Part 4-2: Testing and measurement techniques – Electrostatic discharge immunity test 等が制定される（表7.2 参照）．これらは電磁両立性（EMC）検証の中でも大変重要な国際規格である為，後節で詳細に記述する．

更に伝導尖頭波電磁感受性（CPI：Conducted Pulse Immunity）試験としては，非同期過渡波形注入法，IEC 62215-3, Integrated circuits – Measurement of impulse immunity – Part3 :Non-synchronous transient injection method（ISO7637-2

表 7.1　静電気放電（ESD）破壊試験，HBM[10]，MM[11]，CDM[12]，とラッチアップ試験 [13]

試験規格	略号	英語名称	日本語名称	充電容量	放電抵抗	規格例1	規格例2
JS-001-2014	HBM	Human Body Model	人体モデル	100pF	1500Ω	± 2KV	± 10KV
JESD22-A115C	MM	Machine Model	機械モデル	200pF	0Ω	± 200V	
JS-002-2014	CDM	Charged Device Model	素子-帯電モデル				
		Direct Contact CDM	直接帯電法			± 500V	± 1500V
		Field Induced CDM	界誘起帯電法			± 500V	± 1500V
JEDEC-JESD78D	—	IC Latch Up Test	ラッチアップ試験	—	—	50mA	200mA

－ 170 －

規格 [16] を参照)，車載用蓄電池電圧変動誤動作試験，ISO7637 規格 [16]，Road Vehicles – Electrical disturbances from conduction and coupling や，同派生誤動作試験，ISO16750 規格 [17]，Road Vehicles – Environmental conditions and testing for electrical and electronic equipment が制定される（表 7.3 参照）.

これらの他に電気的高速過渡現象誤動作試験，IEC 61000-4-4 規格，Electromagnetic compatibility（EMC）– Part 4-4: Testing and measurement techniques – Electrical fast transient/burst immunity test や，雷サージ誤動作試験，IEC 61000-4-5 規格，Electromagnetic compatibility（EMC）– Part 4-5: Testing and measurement techniques – Surge immunity test 等も制定される.

表 7.2 静電気放電（ESD）誤動作試験，ISO10605 規格 Ed.2.0（2008）[15] と IEC 61000-4-2 規格 Ed.2.0（2008）[2]

試験規格	適用	充電容量		放電抵抗		規格例
ISO10605	車載	150pF	330pF	330Ω	2KΩ	±2KV ～±25KV
IEC 61000-4-2		150pF		330Ω		2KV ～ 16KV

表 7.3 伝導尖頭波電磁感受性（CPI）試験，ISO7637-2, -3 規格 [16] と ISO16750-2 規格 [17]

試験規格	対象	印加波形	模擬信号
ISO7637-2	電源線	Pulse1	誘導性負荷への電源遮断（閉→開）に伴う過渡現象
		Pulse2a	試験対象と並列に接続された負荷の突発的遮断（ワイヤハーネスのインダクタンス）
		Pulse2b	イグニッション・スイッチ切断後，発電機として働く直流モータの過渡現象
		Pulse3a	接続器の開閉に伴う誘導性過渡現象（負極性）
		Pulse3b	接続器の開閉に伴う誘導性過渡現象（正極性）
ISO7637-3	電源線以外	Pulse3a Pulse3b	容量性結合性クランプ（CCC）法，高速パルス
		Pulse2a	直接容量結合（DCC）法，低速パルス
		Pulse3a Pulse3b	直接容量結合（DCC）法，高速パルス
		Pulse2a	誘導性結合クランプ（ICC）法，低速パルス
ISO16750-2	電源線	Pulse4	セルモータ（スタータモータ）の起動動作による電圧低下
		Pulse5a	オルタネータ動作中の蓄電池遮断時過電圧応答（内部保護機能無_抑制器無）
		Pulse5b	オルタネータ動作中の蓄電池遮断時過電圧応答（内部保護機能有_抑制器有）

－ 171 －

❖第7章 現象別半導体集積回路の電磁両立性検証（3）

7－2 静電気放電，伝導尖頭波による電磁感受性検証の国際規格

車載用静電気放電（ESD）[1]誤動作試験に関する国際規格，ISO10605規格[15]については，国際標準化機構（ISO：International Organization for Standardization）[18]から，第2版が2008年に発行される．電子機器試験と実車試験に分類され，前者では直接接触放電（Direct CD），直接気中放電（Direct AD, Direct Aerial Discharge），間接接触放電（Indirect CD）が，後者では接触放電（CD）と気中放電（AD）が車両内と車両外で実施される．静電気放電（ESD）[1]銃内の放電容量 C_s=150pF/330pF，放電抵抗 R_s=330Ω/2KΩ，接触放電（CD）による放電電圧 V_c=±2KV/±4KV/±6KV/±8KV/±15KV/±20KV/±25KV 等で規定される（電子機器試験基準については，表7.4，表7.5，表7.6 参照，実車試験基準については省略）．試験基準は，試験対象の機能試験，試験後の自動復帰状態，試験対象の手動復帰状態，電源線の切断/再接続での復帰状態等により設定される．又各分類については試験対象製品の機能の重要度により区別される[19]．

表 7.4　ISO10605 規格[15] Ed.2.0（2008）の電子機器試験基準 _ 直接接触放電（抜粋）

試験基準	分類1	分類2	分類3
L4i	±8KV	±8KV	±15KV
L3i	±6KV	±8KV	±8KV
L2i	±4KV	±4KV	±6KV
L1i	±2KV	±2KV	±4KV

表 7.5　ISO10605 規格[15] Ed.2.0（2008）の電子機器試験基準 _ 直接気中放電（抜粋）

試験基準	分類1	分類2	分類3
L4i	±15KV	±15KV	±25KV
L3i	±8KV	±8KV	±15KV
L2i	±4KV	±6KV	±8KV
L1i	±2KV	±4KV	±6KV

表 7.6　ISO10605 規格[15] Ed.2.0（2008）の電子機器試験基準 _ 間接接触放電（抜粋）

試験基準	分類1	分類2	分類3
L4i	±8KV	±15KV	±20KV
L3i	±6KV	±8KV	±15KV
L2i	±4KV	±4KV	±8KV
L1i	±2KV	±2KV	±4KV

静電気放電（ESD）[1]誤動作に関する国際規格，IEC 61000-4-2 規格[2]については，国際電気標準会議（IEC：International Electrotechnical Commission）[20]から第 1 版が 1995 年に，第 2 版が 2008 年に発行される．静電気放電（ESD）[1]銃で試験対象（DUT：Device Under Test）に高電圧を印加し，誤動作の有無を検証する．試験方法としては，接触放電（CD）と気中放電（AD）の 2 種に分類される．静電気放電（ESD）[1]銃内の放電容量 C_s=150pF/330pF，放電抵抗 R_s=330Ω/2KΩ，接触放電（CD）による放電電圧 V_C=2KV/4KV/6KV/8KV 等で規定される（表 7.7，表 7.8 参照）．弊社での試験対象（DUT）は，マイコン（uCOM）や LCD（Liquid Crystal Display）駆動回路が主であり，試験依頼回数が比較的多い．これらは放電電圧印加後にマイコンでは動作状態のリセット，メモリ内部値の変化等，LCD 駆動回路では表示乱れ等がそれらの電磁感受性（EMS：Electromagnetic Susceptibility, Immunity）[21]として表れる．誤動作判定としては非常に明確な一方，試験内容としては高電圧印加故大変厳しい国際規格となる．尚接触放電（CD）電圧 V_C=4KV，気中放電（AD）電圧 V_A=8KV，放電抵抗 R_s=330Ω，放電容量 C_s=150pF が代表的な試験条件となる．

表 7.7　IEC 61000-4-2 規格[2] Ed.2.0（2008）の試験基準（抜粋）

接触放電		気中放電	
試験基準	試験電圧 [KV]	試験基準	試験電圧 [KV]
1	2	1	2
2	4	2	4
3	6	3	8
4	8	4	16

表 7.8　IEC 61000-4-2 規格[2] Ed.2.0（2008）の接触放電（CD）電流波形パラメータ（抜粋）

接触放電				
試験基準	試験電圧 [KV]	放電電流 （第 1 尖頭値）[A] ± 15%	放電電流 （30nS）[A] ± 30%	放電電流 （60nS）[A] ± 30%
1	2	7.5	4	2
2	4	15	8	4
3	6	22.5	12	6
4	8	30	16	8

❖第7章　現象別半導体集積回路の電磁両立性検証（3）

　伝導尖頭波電磁感受性（CPI）試験については，ISO7637-2 規格[16]で定める Pulse1/Pulse 2a/Pulse 2b/Pulse 3a/Pulse 3b と，ISO16750-2 規格[17]で定める Pulse4/Pulse 5a/Pulse 5b で各々模擬する波形により形状が大きく異なる．詳細は各規格書を参照し確認出来るが，それら印加電圧の最大値もしくは最小値から電源線等の瞬間的な発生電圧がどの程度かを把握する．車載用蓄電池の出力電圧は，各々の状況により相当の過渡的電圧変動があると認識する（表7.9 参照）．

表7.9　ISO7637-2, -3 規格[16] と ISO16750-2 規格[17] の印加電圧例（抜粋）

試験規格	対象	印加波形		12V 系		24V 系	
				U_A (V) 標準値	U_S (V) 最大最小値	U_A (V) 標準値	U_S (V) 最大最小値
ISO7637-2	電源線	Pulse1		13.5	−150	27	−600
		Pulse2a		13.5	112	27	112
		Pulse2b		13.5	10	27	20
		Pulse3a		13.5	−300	27	−220
		Pulse3b		13.5	150	27	300
ISO7637-3	電源線以外	Pulse3a	CCC 法	13.5	−300	27	−220
		Pulse3b		13.5	150	27	300
		Pulse2a	DCC 法	13.5	112	27	112
		Pulse3a		13.5	−300	27	−220
		Pulse3b		13.5	150	27	300
		Pulse2a	ICC 法	13.5	112	27	112
ISO16750-2	電源線	Pulse4		12	6	24	6
		Pulse5a		14	101	28	202
		Pulse5b		14	35	28	58

－ 174 －

7-3 静電気放電，伝導尖頭波による電磁感受性検証の計算準備
(1) IEC 61000-4-2 規格 Ed.1.0 (1995)

静電気放電 (ESD)[1] による電磁感受性 (EMS)[21] 検証は独特な印加波形が特徴である事から，計算回路で検証する際には，この印加波形を再現する事が最優先である．その為には静電気放電 (ESD)[1] 銃の内部構造を分解して考慮し，各々を計算回路に置き換える必要がある．静電気放電 (ESD)[1] 銃の計算回路については，多数の学術論文や技術文献がある．その中でも特に有用な技術文献[22] を検証する（図 7.1 参照）．

これらより検証用回路図を作成し過渡解析（Transient Analysis）を行う（図 7.2，図 7.3 参照）．計算条件としては放電電圧 V_c，放電容量 C_s，放電抵抗 R_d 等を技術文献[22] と一致させ，その放電電流波形を計算する（図 7.4 参照）．計算結果として放電電圧 V_c=4KV の場合，細部の過渡的な波形までもが極めて良い一致を示す（その他の放電電圧 V_c は技術文献に無い為未検証）．尚回路解析ソフトウエアは英国 SIMetrix Technologies 社 SIMetirx7.2 製品[23] を選択する．

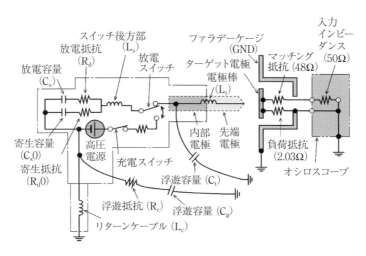

図 7.1 静電気放電 (ESD)[1] 銃 (Ed.1.0) による放電電流測定系の模式図[22]

❖第7章　現象別半導体集積回路の電磁両立性検証（3）

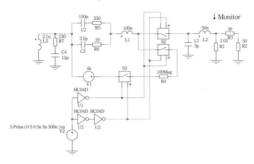

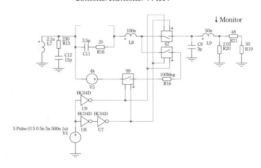

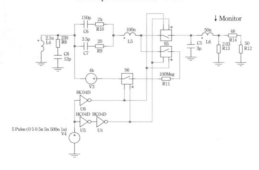

上：C_S=150pF/R_d=330Ω，中央：C_Sなし R_dなし，下：C_S=150pF/R_d=2KΩ

図7.2　静電気放電（ESD）[1]銃（Ed.1.0）による放電電流測定系の計算回路

図7.3 計算条件の設定と，断続（スイッチ）素子の設定

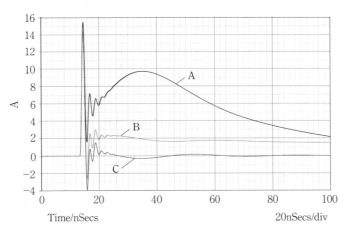

A：C_S=150pF/R_d=330Ω，B：C_S=150pF/R_d=2KΩ，C：C_Sなし R_dなし
横軸：時間（nSec），縦軸：放電電流（A）

図7.4 静電気放電（ESD）[1] 銃（Ed.1.0）による放電電流測定系の計算結果，放電電圧 V_C=4KV

(2) IEC 61000-4-2 規格 Ed.2.0 (2008)

　IEC 61000-4-2 規格[2]も第2版の発行と共に静電気放電（ESD）[1]銃の計算回路も更新される．多くの論文がある中で特に有用な学術論文[24]を検証する（図7.5参照）．

　これらより検証用回路図を作成し過渡解析（Transient Analysis）を行う（図7.6参照）．計算条件としては同様に放電電圧 V_C，放電容量 C_S，放電抵抗 R_d 等を技術文献[24]と一致させ，その放電電流波形を計算する（図7.7参照）．計算結果として放電電圧 V_C=4KV の場合，細部の過渡的な波形までもが極めて良い一致を示す（その他の放電電圧 V_C は技術文献に無い為未検証）．Ed.1.0 と放電電流を比較すると全体の形状は良く似ているが，第1尖頭値と第2尖頭値が僅かに小さい計算値を得る．尚回路解析ソフトウエアは前述のSIMetirx7.2製品[23]を選択する．

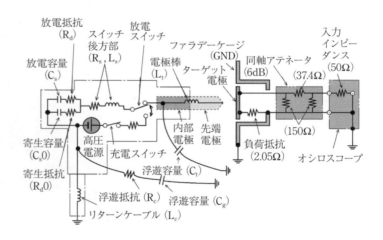

図7.5　静電気放電（ESD）[1]銃（Ed.2.0）による放電電流測定系の模式図[22]

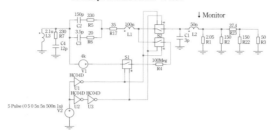

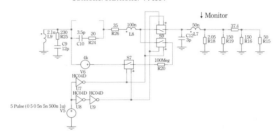

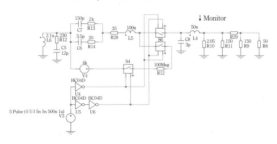

上：$C_S=150pF/R_d=330\Omega$，中：C_S なし R_d なし，下：$C_S=150pF/R_d=2K\Omega$

図 7.6　静電気放電（ESD）[1] 銃（Ed.2.0）による放電電流測定系の計算回路

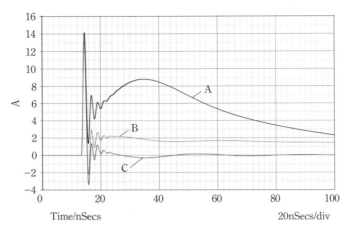

A：C_S=150pF/R_d=330Ω，B：C_S=150pF/R_d=2KΩ，C：C_Sなし R_dなし
横軸：時間（nSec），縦軸：放電電流（A）

図 7.7 静電気放電（ESD）[1] 銃（Ed.2.0）による放電電流測定系の計算結果，放電電圧 V_C=4KV

（3）ISO7637-2 規格，ISO16750-2 規格

　伝導尖頭波電磁感受性（CPI）試験の計算環境は，リニア・テクノロジ社（アナログ・デバイセズ社）[25]のホームページ Solutions - LTspice Models of ISO 7637-2 & ISO 16750-2 Transients[26]で公開される．主要な SPICE[27]モデルや計算回路図をダウンロードする事で，汎用回路解析ツール LTspice[28]で計算検証出来る環境となる（表7.10，図7.8 参照，現在は波形シンボル等がダウンロード出来るか不明）．若しくは少しの回路解析の知識があれば，PWL（Piecewise Linear）波形等を用いてこれら国際規格書から相当の模擬波形を作成する事も容易である．弊社でも同様の波形を既に作成し半導体集積回路（LSI）設計者に向けて公開・実用化する．又伝導尖頭波電磁感受性（CPI）計算機モデルに関する国際規格，IEC 62433-6 規格，EMC IC modelling – Part 6: Models of Integrated circuits for Pulse immunity behavioural simulation – Conducted Pulse Immunity (ICIM-CPI)[29]が現在審議中である（第5章参照）．

表 7.10　ISO7637-2 規格 [16) と ISO16750-2 規格 [17) の SPICE モデル例

試験規格	枝番号	印加波形	URL
ISO7637-2		Pulse 1	http://www.linear-tech.co.jp/docs/57784
		Pulse 2a	http://www.linear-tech.co.jp/docs/57785
		Pulse 2b	http://www.linear-tech.co.jp/docs/57786
		Pulse 3a	http://www.linear-tech.co.jp/docs/57787
		Pulse 3b	http://www.linear-tech.co.jp/docs/57788
ISO16750-2	4-4-2	Superimposed Alternating Voltage	http://www.linear-tech.co.jp/docs/57797
	4-5	Slow Decrease and Increase of Supply Voltage	http://www.linear-tech.co.jp/docs/57789
	4-6-1	Momentary Drop in Supply Voltage	http://www.linear-tech.co.jp/docs/57790
	4-6-2	Reset Behavior at Voltage Drop	http://www.linear-tech.co.jp/docs/57791
	4-6-3	Starting Profile	http://www.linear-tech.co.jp/docs/57792
	4-6-4	Load Dump With Centralized Load Dump Suppression - Test B	http://www.linear-tech.co.jp/docs/57793
	4-6-4	Load Dump With Centralized Load Dump Suppression - Test A	http://www.linear-tech.co.jp/docs/57794
	4-7	Reversed Voltage Case 2	http://www.linear-tech.co.jp/docs/57795
	4-9	Single Line Interruption	http://www.linear-tech.co.jp/docs/57796

❖第7章 現象別半導体集積回路の電磁両立性検証（3）

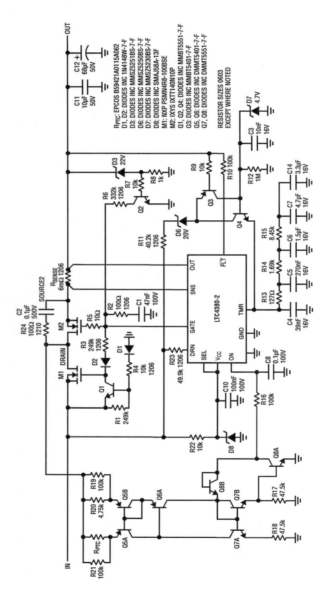

図 7.8 リニア・テクノロジ社半導体集積回路（LSI）の ISO7637-2 規格 [16]、ISO16750-2 規格 [17] を考慮した応用回路図例 [30]

7-4　静電気放電による電磁感受性検証の計算予測
(1) 電磁両立性検証例（LCD 駆動回路）　ローム㈱

　一般に高詳細の液晶画面を駆動する LCD（Liquid Crystal Driver）駆動回路は，入出力段（I/O）の端子数も多く樹脂封止品（モールド品，第1章参照）や硝子基板上に直接搭載する珪素片（チップ）も多数存在する．端子数の多い珪素片（チップ）では，2,000 端子を超える製品もある．入出力段（I/O）の端子数が非常に多い事から静電気放電（ESD）[1]の影響を受ける箇所も多く，更にはその静電気放電（ESD）[1]対策を珪素片（チップ）の外部で行う事は殆ど不可能で現実的で無い．

　これら半導体集積回路（LSI）の入出力段回路構成（I/O）に対して，静電気放電（ESD）[1]による電磁感受性（EMS）[21]特性を検証する．検証対象としては半導体集積回路（LSI）の珪素片（チップ）図面設計の際に（図 7.9 参照）電源線や接地線の図面を抽出し（図 7.10 参照），配線層と寄生素子の回路網を SPICE27）ネットリストとして作成する．対策回路としては静電気放電（ESD）[1]の障害吸収回路を，入力段回路構成（I/O）の電源線・接地線間に追加する．障害により電源線が変動した場合に低域通過濾波器（LPF：Low Pass Filter）で遅延させた後，次段の NMOS 素子を瞬間的に導通させ接地線へ静電気放電（ESD）[1]を回避する構成とす

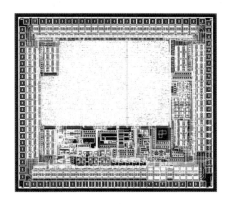

図 7.9　LCD 駆動回路の珪素片（チップ）図面，中央の白く見える部分は論理素子群

る（図 7.11 参照）．

事前計算検証としては前述の静電気放電（ESD）[1]銃を障害源として回路に接続し，過渡解析（Transient Analysis）を実行する．設計項目としては，低域通過濾波器（LPF）の遮断周波数 f_c（Cutoff Frequency）やその素子値と NMOS 素子の W/L 値（ゲート幅／ゲート長）とする．計算結果としては対策前の障害伝達振幅が 37V に対し，対策後では同振幅が 8V まで低減する事を得る（図 7.12 参照）．

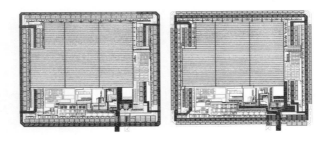

図 7.10　LCD 駆動回路の電源線配線層（左）と接地線配線層（右）

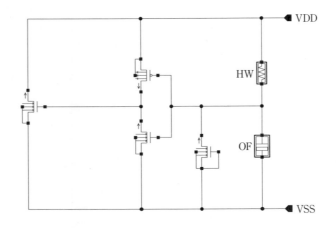

図 7.11　静電気放電（ESD）[1]による電磁感受性（EMS）[21]検証の計算回路，回路右側の抵抗 R，容量 C と NMOS 素子を追加

この計算予測を基に珪素片（チップ）を初回試作する．静電気放電（ESD)[1]試験を実施したところ，計算予測と同等にその対策回路の明確な効果を認める．本検証例では静電気放電（ESD)[1]による電磁感受性（EMS)[21]対策を，珪素片（チップ）上で実現する．半導体集積回路（LSI）の応用回路図に使用する受動素子部品点数を増加させる事無く，静電気放電（ESD)[1]による破壊や誤動作を未然に防ぐ．尚この検証対象に用いた珪素片（チップ）は，現在広く一般向けに量産対応する．

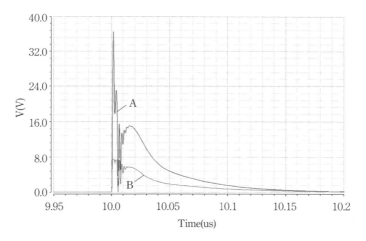

図7.12　静電気放電（ESD)[1]による電磁感受性（EMS)[21]検証の計算結果，対策前特性（A）と対策後特性（B），横軸：時間（uSec），縦軸：障害伝達電圧（V）

❖第7章 現象別半導体集積回路の電磁両立性検証（3）

参考文献

1）http://www.tij.co.jp/lsds/ti_ja/analog/glossary/esd_protection.page

2）https://webstore.iec.ch/publication/4189

3）https://webstore.iec.ch/publication/4212

4）http://www.ic-emc.org/download/EMCCompo%202011-Tutorial.pdf

5）http://micro.rohm.com/jp/techweb/knowledge/dcdc/dcdc_sr/dcdc_sr01/1091

6）http://www.analog.com/jp/analog-dialogue/raqs/raq-issue-50.html

7）http://www.rohm.co.jp/web/japan/tr_what6-j

8）https://www.renesas.com/ja-jp/doc/DocumentServer/002/C11892JJ2V1IF00. pdf

9）https://www.jedec.org/

10）"For Electrostatic Discharge Sensitivity Testing, Human Body Model（HBM）- Component Level," ANSI/ESDA/JEDEC JS-001-2014, Electrostatic Discharge Association 7900 Turin Road, Bldg. 3, Rome, NY 13440, JEDEC Solid State Technology Association 3103 North 10th Street Arlington, VA 22201, An American National Standard Approved August 28, 2014.

11）JEDEC STANDARD, "Electrostatic Discharge（ESD）Sensitivity Testing, Machine Model（MM）," JESD22-A115C（Revision of JESD22-A115B, March 2010）NOVEMBER 2010, JEDEC SOLID STATE TECHNOLOGY ASSOCIATION.

12）"For Electrostatic Discharge Sensitivity Testing Charged Device Model（CDM）- Device Level," ANSI/ESDA/JEDEC JS-002-2014, Electrostatic Discharge Association 7900 Turin Road, Bldg. 3, Rome, NY 13440, JEDEC Solid State Technology Association 3103 North 10th Street Arlington, VA 22201, An American National Standard Approved April 7, 2015.

13）JEDEC STANDARD, "IC Latch-Up Test JESD78D,"（Revision of JESD78C, September 2010）NOVEMBER 2011, JEDEC SOLID STATE TECHNOLOGY ASSOCIATION.

14）http://www.jeita.or.jp/japanese/

15）https://www.iso.org/standard/41937.html

16）https://www.iso.org/standard/50925.html

17）https://www.iso.org/standard/61280.html

18）https://www.iso.org/home.html

19）"ISO10605 ed2.0 2008 規格の試験概要," ノイズ研究所，5 pages, 2009.

20）http://www.iec.ch/

21）佐藤智典，"EMC とは何か," 株式会社 e・オータマ，16 pages, Oct. 2013.

22）"電子機器の静電気放電イミュニティ試験の理論と実際," pp. 87-106,No.265, 月刊 EMC2010 年 5 月号.

23）https://www.simetrix.co.uk/products/simetrix.html

24）秋山雪治, 戸澤幸大, 石田武志, "ESD 銃の等価回路モデルの改良（IEC 61000-4-2 Ed.2.0 対応），" 特集 / 電子機器の最新 EMC 技術，エレクトロニクス実装学会誌，pp. 254-261, Vol.14，No.4，2011.

25）http://www.linear.com/

26）http://www.linear.com/solutions/7719

27）https://bwrcs.eecs.berkeley.edu/Classes/IcBook/SPICE/

28）http://www.linear.com/designtools/software/#LTspice

29）Frederic Lafon, Priscila Fernandez-Lopez, Abhishek Ramanujan, "ESD performance analysis of automotive application based on improved Integrated Circuit ESD model," Proc. of the 2014 International Symposium on Electromagnetic Compatibility（EMC Europe 2014），Gothenburg, Sweden, pp. 494-499, September 1-4, 2014.

30）http://cds.linear.com/docs/en/lt-journal/LTJournal-V26N4-02-df-LTC4380-DanEddleman.pdf

第8章

電磁両立性検証の
電子計算機処理

Abstract

　現在の半導体集積回路（LSI: Large Scale Integrated Circuit）製品
において，電磁両立性（EMC：Electromagnetic Compatibility）検証，
とりわけ伝導エミッション（CE：Conducted Emission）（第6章参照）
の計算予測を行う際の，マクロ言語記述例を紹介する．過渡解析から高速
フーリエ変換（FFT：Fast Fourier Transform）までを実行し，縦軸の
単位変換や電磁両立性（EMC）規格限度値表示等も自動で行う事で，迅速
な規格適合判定が可能となる．

第8章では回路解析ソフトウエアである英国 SIMetrix Technologies 社 SIMetrix7.2 製品 [1] を使い電磁両立性（EMC）[2] 検証を簡便にする．F11 鍵で開く窓に下記のマクロ言語記述 [3] を行う事で，その機能が有効となる．実行の際は，プルダウン・メニューから

Simulator → Run

とする．繰り返し計算を実行する際等に，その有効性を認める．これらは最も簡単な例であるが同様にマクロ言語記述 [3] を行う事によって，様々な所望の機能が自動実行可能となる．尚＊印は注釈行を示し，＊印によって機能選択を行う．測定値ベースの計算機モデル（DPS：Difference Predictive Simulation Model）（第6章参照）を適用した伝導エミッション，放射エミッション等の計算検証用組込みソフトウエアとしては，以下を使用する．

DosCommand：Windows 環境のコマンド・プロンプトで実行
GnuWin32 [4]　：Linux コマンドを Windows 環境のコマンド・プロンプトで実行
GnuPlot [5]　　：グラフ表示，数値演算処理，包絡（エンベロープ）線処理
Lcc-Win [6]　　：C 言語コンパイラ・リンカ・デバッガ

8-1　検証マクロ記述例 伝導エミッション（CE）

CISPR32（22）規格 [7] と CISPR25 規格 [8] の伝導エミッション（CE）電圧 / 電流プローブ法計算検証用のマクロ言語記述 [3] を示す．

（1）CISPR32（22）規格 [7] 伝導エミッション 電圧プローブ法
（2）CISPR25 規格 [8] 伝導エミッション 電圧プローブ法
（3）CISPR25 規格 [8] 伝導エミッション 電流プローブ法

- 191 -

❖第8章　電磁両立性検証の電子計算機処理

(1) CISPR32 (22) 規格 伝導エミッション 電圧プローブ法
.SIMULATOR SIMETRIX
.TRAN 10n 100u

***** CISPR22B Limitation Quasi-Peak / dBuV *****
.GRAPH "xy([66,56], [150K,500K])" persistence=1 xlog=log xmin=100K
xmax=100MEG curvelabel="QP1" colour=16711680
.GRAPH "xy([56,56], [500K,5MEG])" persistence=1 xlog=log xmin=100K
xmax=100MEG curvelabel="QP2" colour=16711680
.GRAPH "xy([56,60], [5MEG,5.0001MEG])" persistence=1 xlog=log
xmin=100K xmax=100MEG curvelabel="QP3" colour=16711680
.GRAPH "xy([60,60], [5MEG,30MEG])" persistence=1 xlog=log xmin=100K
xmax=100MEG curvelabel="QP4" colour=16711680
***** CISPR22B Limitation Average / dBuV *****
.GRAPH "xy([56,46], [150K,500K])" persistence=1 xlog=log xmin=100K
xmax=100MEG curvelabel="AVR1" colour=30464
.GRAPH "xy([46,46], [500K,5MEG])" persistence=1 xlog=log xmin=100K
xmax=100MEG curvelabel="AVR2" colour=30464
.GRAPH "xy([46,50], [5MEG,5.0001MEG])" persistence=1 xlog=log
xmin=100K xmax=100MEG curvelabel="AVR3" colour=30464
.GRAPH "xy([50,50], [5MEG,30MEG])" persistence=1 xlog=log xmin=100K
xmax=100MEG curvelabel="AVR4" colour=30464
***** Conducted Emission Level / dBuV *****
.GRAPH "db(Spectrum(V_VDD/sqrt(0.001*50), 32768))+107" persistence=1
xunit=Hz xlog=log xmin=100K xmax=100MEG xlabel="Frequency"
yunit=dBuV ylog=lin ymin=0 ymax=160 ylabel="Spectrum(V_VDD)" curvela
bel="Spectrum(V_VDD)"
***** Conducted Emission Level / dBm *****
*.GRAPH "db(Spectrum(V_VDD/sqrt(0.001*50), 32768))" persistence=1
xunit=Hz xlog=log xmin=100K xmax=100MEG xlabel="Frequency"

yunit=dBm ylog=lin ymin=-100 ymax=60 ylabel="Spectrum(V_VDD)" curvel
abel="Spectrum(V_VDD)"

.OPTIONS noraw
.SIMULATOR DEFAULT

❖第8章　電磁両立性検証の電子計算機処理

(2) CISPR25 規格 伝導エミッション 電圧プローブ法

.SIMULATOR SIMETRIX

.TRAN 10n 100u

***** CISPR25 Limitation Class1 Peak / dBuV *****

.GRAPH "xy([110,110], [150K,300K])" persistence=1 xlog=log xmin=100K
xmax=300MEG curvelabel="P_C1a" colour=16711680

.GRAPH "xy([86,86], [530K,1.8MEG])" persistence=1 xlog=log xmin=100K
xmax=300MEG curvelabel="P_C1b" colour=16711680

.GRAPH "xy([77,77], [5.9MEG,6.2MEG])" persistence=1 xlog=log xmin=100K
xmax=300MEG curvelabel="P_C1c" colour=16711680

.GRAPH "xy([62,62], [76MEG,108MEG])" persistence=1 xlog=log xmin=100K
xmax=300MEG curvelabel="P_C1d" colour=16711680

.GRAPH "xy([58,58], [41MEG,88MEG])" persistence=1 xlog=log xmin=100K
xmax=300MEG curvelabel="P_C1e" colour=16711680

.GRAPH "xy([68,68], [26MEG,28MEG])" persistence=1 xlog=log xmin=100K
xmax=300MEG curvelabel="P_C1f" colour=16711680

.GRAPH "xy([68,68], [30MEG,54MEG])" persistence=1 xlog=log xmin=100K
xmax=300MEG curvelabel="P_C1g" colour=16711680

.GRAPH "xy([62,62], [68MEG,87MEG])" persistence=1 xlog=log xmin=100K
xmax=300MEG curvelabel="P_C1h" colour=16711680

***** CISPR25 Limitation Class2 Peak / dBuV *****

.GRAPH "xy([100,100], [150K,300K])" persistence=1 xlog=log xmin=100K
xmax=300MEG curvelabel="P_C2a" colour=30464

.GRAPH "xy([78,78], [530K,1.8MEG])" persistence=1 xlog=log xmin=100K
xmax=300MEG curvelabel="P_C2b" colour=30464

.GRAPH "xy([71,71], [5.9MEG,6.2MEG])" persistence=1 xlog=log xmin=100K
xmax=300MEG curvelabel="P_C2c" colour=30464

.GRAPH "xy([56,56], [76MEG,108MEG])" persistence=1 xlog=log xmin=100K
xmax=300MEG curvelabel="P_C2d" colour=30464

– 194 –

.GRAPH "xy([52,52], [41MEG,88MEG])" persistence=1 xlog=log xmin=100K
xmax=300MEG curvelabel="P_C2e" colour=30464

.GRAPH "xy([62,62], [26MEG,28MEG])" persistence=1 xlog=log xmin=100K
xmax=300MEG curvelabel="P_C2f" colour=30464

.GRAPH "xy([62,62], [30MEG,54MEG])" persistence=1 xlog=log xmin=100K
xmax=300MEG curvelabel="P_C2g" colour=30464

.GRAPH "xy([56,56], [68MEG,87MEG])" persistence=1 xlog=log xmin=100K
xmax=300MEG curvelabel="P_C2h" colour=30464

***** CISPR25 Limitation Class3 Peak / dBuV *****

.GRAPH "xy([90,90], [150K,300K])" persistence=1 xlog=log xmin=100K
xmax=300MEG curvelabel="P_C3a" colour=0

.GRAPH "xy([70,70], [530K,1.8MEG])" persistence=1 xlog=log xmin=100K
xmax=300MEG curvelabel="P_C3b" colour=0

.GRAPH "xy([65,65], [5.9MEG,6.2MEG])" persistence=1 xlog=log xmin=100K
xmax=300MEG curvelabel="P_C3c" colour=0

.GRAPH "xy([50,50], [76MEG,108MEG])" persistence=1 xlog=log xmin=100K
xmax=300MEG curvelabel="P_C3d" colour=0

.GRAPH "xy([46,46], [41MEG,88MEG])" persistence=1 xlog=log xmin=100K
xmax=300MEG curvelabel="P_C3e" colour=0

.GRAPH "xy([56,56], [26MEG,28MEG])" persistence=1 xlog=log xmin=100K
xmax=300MEG curvelabel="P_C3f" colour=0

.GRAPH "xy([56,56], [30MEG,54MEG])" persistence=1 xlog=log xmin=100K
xmax=300MEG curvelabel="P_C3g" colour=0

.GRAPH "xy([50,50], [68MEG,87MEG])" persistence=1 xlog=log xmin=100K
xmax=300MEG curvelabel="P_C3h" colour=0

***** CISPR25 Limitation Class4 Peak / dBuV *****

.GRAPH "xy([80,80], [150K,300K])" persistence=1 xlog=log xmin=100K
xmax=300MEG curvelabel="P_C4a" colour=16711680

.GRAPH "xy([62,62], [530K,1.8MEG])" persistence=1 xlog=log xmin=100K
xmax=300MEG curvelabel="P_C4b" colour=16711680

❖第8章 電磁両立性検証の電子計算機処理

.GRAPH "xy([59,59], [5.9MEG,6.2MEG])" persistence=1 xlog=log xmin=100K
xmax=300MEG curvelabel="P_C4c" colour=16711680
.GRAPH "xy([44,44], [76MEG,108MEG])" persistence=1 xlog=log xmin=100K
xmax=300MEG curvelabel="P_C4d" colour=16711680
.GRAPH "xy([40,40], [41MEG,88MEG])" persistence=1 xlog=log xmin=100K
xmax=300MEG curvelabel="P_C4e" colour=16711680
.GRAPH "xy([50,50], [26MEG,28MEG])" persistence=1 xlog=log xmin=100K
xmax=300MEG curvelabel="P_C4f" colour=16711680
.GRAPH "xy([50,50], [30MEG,54MEG])" persistence=1 xlog=log xmin=100K
xmax=300MEG curvelabel="P_C4g" colour=16711680
.GRAPH "xy([44,44], [68MEG,87MEG])" persistence=1 xlog=log xmin=100K
xmax=300MEG curvelabel="P_C4h" colour=16711680
***** CISPR25 Limitation Class5 Peak / dBuV *****
.GRAPH "xy([70,70], [150K,300K])" persistence=1 xlog=log xmin=100K
xmax=300MEG curvelabel="P_C5a" colour=30464
.GRAPH "xy([54,54], [530K,1.8MEG])" persistence=1 xlog=log xmin=100K
xmax=300MEG curvelabel="P_C5b" colour=30464
.GRAPH "xy([53,53], [5.9MEG,6.2MEG])" persistence=1 xlog=log xmin=100K
xmax=300MEG curvelabel="P_C5c" colour=30464
.GRAPH "xy([38,38], [76MEG,108MEG])" persistence=1 xlog=log xmin=100K
xmax=300MEG curvelabel="P_C5d" colour=30464
.GRAPH "xy([34,34], [41MEG,88MEG])" persistence=1 xlog=log xmin=100K
xmax=300MEG curvelabel="P_C5e" colour=30464
.GRAPH "xy([44,44], [26MEG,28MEG])" persistence=1 xlog=log xmin=100K
xmax=300MEG curvelabel="P_C5f" colour=30464
.GRAPH "xy([44,44], [30MEG,54MEG])" persistence=1 xlog=log xmin=100K
xmax=300MEG curvelabel="P_C5g" colour=30464
.GRAPH "xy([38,38], [68MEG,87MEG])" persistence=1 xlog=log xmin=100K
xmax=300MEG curvelabel="P_C5h" colour=30464

***** CISPR25 Limitation Class1 Quasi-Peak / dBuV *****

*.GRAPH "xy([97,97], [150K,300K])" persistence=1 xlog=log xmin=100K xmax=300MEG curvelabel="Q_C1a" colour=16711680

*.GRAPH "xy([73,73], [530K,1.8MEG])" persistence=1 xlog=log xmin=100K xmax=300MEG curvelabel="Q_C1b" colour=16711680

*.GRAPH "xy([64,64], [5.9MEG,6.2MEG])" persistence=1 xlog=log xmin=100K xmax=300MEG curvelabel="Q_C1c" colour=16711680

*.GRAPH "xy([49,49], [76MEG,108MEG])" persistence=1 xlog=log xmin=100K xmax=300MEG curvelabel="Q_C1d" colour=16711680

*.GRAPH "xy([55,55], [26MEG,28MEG])" persistence=1 xlog=log xmin=100K xmax=300MEG curvelabel="Q_C1f" colour=16711680

*.GRAPH "xy([55,55], [30MEG,54MEG])" persistence=1 xlog=log xmin=100K xmax=300MEG curvelabel="Q_C1g" colour=16711680

*.GRAPH "xy([49,49], [68MEG,87MEG])" persistence=1 xlog=log xmin=100K xmax=300MEG curvelabel="Q_C1h" colour=16711680

***** CISPR25 Limitation Class2 Quasi-Peak / dBuV *****

*.GRAPH "xy([87,87], [150K,300K])" persistence=1 xlog=log xmin=100K xmax=300MEG curvelabel="Q_C2a" colour=30464

*.GRAPH "xy([65,65], [530K,1.8MEG])" persistence=1 xlog=log xmin=100K xmax=300MEG curvelabel="Q_C2b" colour=30464

*.GRAPH "xy([58,58], [5.9MEG,6.2MEG])" persistence=1 xlog=log xmin=100K xmax=300MEG curvelabel="Q_C2c" colour=30464

*.GRAPH "xy([43,43], [76MEG,108MEG])" persistence=1 xlog=log xmin=100K xmax=300MEG curvelabel="Q_C2d" colour=30464

*.GRAPH "xy([49,49], [26MEG,28MEG])" persistence=1 xlog=log xmin=100K xmax=300MEG curvelabel="Q_C2f" colour=30464

*.GRAPH "xy([49,49], [30MEG,54MEG])" persistence=1 xlog=log xmin=100K xmax=300MEG curvelabel="Q_C2g" colour=30464

*.GRAPH "xy([43,43], [68MEG,87MEG])" persistence=1 xlog=log xmin=100K xmax=300MEG curvelabel="Q_C2h" colour=30464

❖第8章　電磁両立性検証の電子計算機処理

***** CISPR25 Limitation Class3 Quasi-Peak / dBuV *****

*.GRAPH "xy([77,77], [150K,300K])" persistence=1 xlog=log xmin=100K xmax=300MEG curvelabel="Q_C3a" colour=0

*.GRAPH "xy([57,57], [530K,1.8MEG])" persistence=1 xlog=log xmin=100K xmax=300MEG curvelabel="Q_C3b" colour=0

*.GRAPH "xy([52,52], [5.9MEG,6.2MEG])" persistence=1 xlog=log xmin=100K xmax=300MEG curvelabel="Q_C3c" colour=0

*.GRAPH "xy([37,37], [76MEG,108MEG])" persistence=1 xlog=log xmin=100K xmax=300MEG curvelabel="Q_C3d" colour=0

*.GRAPH "xy([43,43], [26MEG,28MEG])" persistence=1 xlog=log xmin=100K xmax=300MEG curvelabel="Q_C3f" colour=0

*.GRAPH "xy([43,43], [30MEG,54MEG])" persistence=1 xlog=log xmin=100K xmax=300MEG curvelabel="Q_C3g" colour=0

*.GRAPH "xy([37,37], [68MEG,87MEG])" persistence=1 xlog=log xmin=100K xmax=300MEG curvelabel="Q_C3h" colour=0

***** CISPR25 Limitation Class4 Quasi-Peak / dBuV *****

*.GRAPH "xy([67,67], [150K,300K])" persistence=1 xlog=log xmin=100K xmax=300MEG curvelabel="Q_C4a" colour=16711680

*.GRAPH "xy([49,49], [530K,1.8MEG])" persistence=1 xlog=log xmin=100K xmax=300MEG curvelabel="Q_C4b" colour=16711680

*.GRAPH "xy([46,46], [5.9MEG,6.2MEG])" persistence=1 xlog=log xmin=100K xmax=300MEG curvelabel="Q_C4c" colour=16711680

*.GRAPH "xy([31,31], [76MEG,108MEG])" persistence=1 xlog=log xmin=100K xmax=300MEG curvelabel="Q_C4d" colour=16711680

*.GRAPH "xy([37,37], [26MEG,28MEG])" persistence=1 xlog=log xmin=100K xmax=300MEG curvelabel="Q_C4f" colour=16711680

*.GRAPH "xy([37,37], [30MEG,54MEG])" persistence=1 xlog=log xmin=100K xmax=300MEG curvelabel="Q_C4g" colour=16711680

*.GRAPH "xy([31,31], [68MEG,87MEG])" persistence=1 xlog=log xmin=100K xmax=300MEG curvelabel="Q_C4h" colour=16711680

***** CISPR25 Limitation Class5 Quasi-Peak / dBuV *****

*.GRAPH "xy([57,57], [150K,300K])" persistence=1 xlog=log xmin=100K xmax=300MEG curvelabel="Q_C5a" colour=30464

*.GRAPH "xy([41,41], [530K,1.8MEG])" persistence=1 xlog=log xmin=100K xmax=300MEG curvelabel="Q_C5b" colour=30464

*.GRAPH "xy([40,40], [5.9MEG,6.2MEG])" persistence=1 xlog=log xmin=100K xmax=300MEG curvelabel="Q_C5c" colour=30464

*.GRAPH "xy([25,25], [76MEG,108MEG])" persistence=1 xlog=log xmin=100K xmax=300MEG curvelabel="Q_C5d" colour=30464

*.GRAPH "xy([31,31], [26MEG,28MEG])" persistence=1 xlog=log xmin=100K xmax=300MEG curvelabel="Q_C5f" colour=30464

*.GRAPH "xy([31,31], [30MEG,54MEG])" persistence=1 xlog=log xmin=100K xmax=300MEG curvelabel="Q_C5g" colour=30464

*.GRAPH "xy([25,25], [68MEG,87MEG])" persistence=1 xlog=log xmin=100K xmax=300MEG curvelabel="Q_C5h" colour=30464

***** CISPR25 Limitation Class1 Average / dBuV *****

*.GRAPH "xy([90,90], [150K,300K])" persistence=1 xlog=log xmin=100K xmax=300MEG curvelabel="A_C1a" colour=16711680

*.GRAPH "xy([66,66], [530K,1.8MEG])" persistence=1 xlog=log xmin=100K xmax=300MEG curvelabel="A_C1b" colour=16711680

*.GRAPH "xy([57,57], [5.9MEG,6.2MEG])" persistence=1 xlog=log xmin=100K xmax=300MEG curvelabel="A_C1c" colour=16711680

*.GRAPH "xy([42,42], [76MEG,108MEG])" persistence=1 xlog=log xmin=100K xmax=300MEG curvelabel="A_C1d" colour=16711680

*.GRAPH "xy([48,48], [41MEG,88MEG])" persistence=1 xlog=log xmin=100K xmax=300MEG curvelabel="A_C1e" colour=16711680

*.GRAPH "xy([48,48], [26MEG,28MEG])" persistence=1 xlog=log xmin=100K xmax=300MEG curvelabel="A_C1f" colour=16711680

*.GRAPH "xy([48,48], [30MEG,54MEG])" persistence=1 xlog=log xmin=100K xmax=300MEG curvelabel="A_C1g" colour=16711680

❖第8章　電磁両立性検証の電子計算機処理

*.GRAPH "xy([42,42], [68MEG,87MEG])" persistence=1 xlog=log xmin=100K
xmax=300MEG curvelabel="A_C1h" colour=16711680

***** CISPR25 Limitation Class2 Average / dBuV *****

*.GRAPH "xy([80,80], [150K,300K])" persistence=1 xlog=log xmin=100K
xmax=300MEG curvelabel="A_C2a" colour=30464

*.GRAPH "xy([58,58], [530K,1.8MEG])" persistence=1 xlog=log xmin=100K
xmax=300MEG curvelabel="A_C2b" colour=30464

*.GRAPH "xy([51,51], [5.9MEG,6.2MEG])" persistence=1 xlog=log
xmin=100K xmax=300MEG curvelabel="A_C2c" colour=30464

*.GRAPH "xy([36,36], [76MEG,108MEG])" persistence=1 xlog=log
xmin=100K xmax=300MEG curvelabel="A_C2d" colour=30464

*.GRAPH "xy([42,42], [41MEG,88MEG])" persistence=1 xlog=log xmin=100K
xmax=300MEG curvelabel="A_C2e" colour=30464

*.GRAPH "xy([42,42], [26MEG,28MEG])" persistence=1 xlog=log xmin=100K
xmax=300MEG curvelabel="A_C2f" colour=30464

*.GRAPH "xy([42,42], [30MEG,54MEG])" persistence=1 xlog=log xmin=100K
xmax=300MEG curvelabel="A_C2g" colour=30464

*.GRAPH "xy([36,36], [68MEG,87MEG])" persistence=1 xlog=log xmin=100K
xmax=300MEG curvelabel="A_C2h" colour=30464

***** CISPR25 Limitation Class3 Average / dBuV *****

*.GRAPH "xy([70,70], [150K,300K])" persistence=1 xlog=log xmin=100K
xmax=300MEG curvelabel="A_C3a" colour=0

*.GRAPH "xy([50,50], [530K,1.8MEG])" persistence=1 xlog=log xmin=100K
xmax=300MEG curvelabel="A_C3b" colour=0

*.GRAPH "xy([45,45], [5.9MEG,6.2MEG])" persistence=1 xlog=log
xmin=100K xmax=300MEG curvelabel="A_C3c" colour=0

*.GRAPH "xy([30,30], [76MEG,108MEG])" persistence=1 xlog=log
xmin=100K xmax=300MEG curvelabel="A_C3d" colour=0

*.GRAPH "xy([36,36], [41MEG,88MEG])" persistence=1 xlog=log xmin=100K
xmax=300MEG curvelabel="A_C3e" colour=0

*.GRAPH "xy([36,36], [26MEG,28MEG])" persistence=1 xlog=log xmin=100K xmax=300MEG curvelabel="A_C3f" colour=0

*.GRAPH "xy([36,36], [30MEG,54MEG])" persistence=1 xlog=log xmin=100K xmax=300MEG curvelabel="A_C3g" colour=0

*.GRAPH "xy([30,30], [68MEG,87MEG])" persistence=1 xlog=log xmin=100K xmax=300MEG curvelabel="A_C3h" colour=0

***** CISPR25 Limitation Class4 Average / dBuV *****

*.GRAPH "xy([60,60], [150K,300K])" persistence=1 xlog=log xmin=100K xmax=300MEG curvelabel="A_C4a" colour=16711680

*.GRAPH "xy([42,42], [530K,1.8MEG])" persistence=1 xlog=log xmin=100K xmax=300MEG curvelabel="A_C4b" colour=16711680

*.GRAPH "xy([39,39], [5.9MEG,6.2MEG])" persistence=1 xlog=log xmin=100K xmax=300MEG curvelabel="A_C4c" colour=16711680

*.GRAPH "xy([24,24], [76MEG,108MEG])" persistence=1 xlog=log xmin=100K xmax=300MEG curvelabel="A_C4d" colour=16711680

*.GRAPH "xy([30,30], [41MEG,88MEG])" persistence=1 xlog=log xmin=100K xmax=300MEG curvelabel="A_C4e" colour=16711680

*.GRAPH "xy([30,30], [26MEG,28MEG])" persistence=1 xlog=log xmin=100K xmax=300MEG curvelabel="A_C4f" colour=16711680

*.GRAPH "xy([30,30], [30MEG,54MEG])" persistence=1 xlog=log xmin=100K xmax=300MEG curvelabel="A_C4g" colour=16711680

*.GRAPH "xy([24,24], [68MEG,87MEG])" persistence=1 xlog=log xmin=100K xmax=300MEG curvelabel="A_C4h" colour=16711680

***** CISPR25 Limitation Class5 Average / dBuV *****

*.GRAPH "xy([50,50], [150K,300K])" persistence=1 xlog=log xmin=100K xmax=300MEG curvelabel="A_C5a" colour=30464

*.GRAPH "xy([34,34], [530K,1.8MEG])" persistence=1 xlog=log xmin=100K xmax=300MEG curvelabel="A_C5b" colour=30464

*.GRAPH "xy([33,33], [5.9MEG,6.2MEG])" persistence=1 xlog=log xmin=100K xmax=300MEG curvelabel="A_C5c" colour=30464

❖第8章　電磁両立性検証の電子計算機処理

*.GRAPH "xy([18,18], [76MEG,108MEG])" persistence=1 xlog=log
xmin=100K xmax=300MEG curvelabel="A_C5d" colour=30464
*.GRAPH "xy([24,24], [41MEG,88MEG])" persistence=1 xlog=log xmin=100K
xmax=300MEG curvelabel="A_C5e" colour=30464
*.GRAPH "xy([24,24], [26MEG,28MEG])" persistence=1 xlog=log xmin=100K
xmax=300MEG curvelabel="A_C5f" colour=30464
*.GRAPH "xy([24,24], [30MEG,54MEG])" persistence=1 xlog=log xmin=100K
xmax=300MEG curvelabel="A_C5g" colour=30464
*.GRAPH "xy([18,18], [68MEG,87MEG])" persistence=1 xlog=log xmin=100K
xmax=300MEG curvelabel="A_C5h" colour=30464
***** Conducted Emission Level / dBuV *****
.GRAPH "db(Spectrum(VDD/sqrt(0.001*50), 32768))+107" persistence=1
xunit=Hz xlog=log xmin=100K xmax=300MEG xlabel="Frequency"
yunit=dBuV ylog=lin ymin=0 ymax=160 ylabel="Spectrum(VDD)" curvelabel
="Spectrum(VDD)"
***** Conducted Emission Level / dBm *****
*.GRAPH "db(Spectrum(VDD/sqrt(0.001*50), 32768))" persistence=1
xunit=Hz xlog=log xmin=100K xmax=300MEG xlabel="Frequency"
yunit=dBm ylog=lin ymin=-100 ymax=60 ylabel="Spectrum(VDD)" curvelabe
l="Spectrum(VDD)"

.OPTIONS noraw
.SIMULATOR DEFAULT

(3) CISPR25 規格 伝導エミッション 電流プローブ法

.SIMULATOR SIMETRIX

.TRAN 10n 100u

***** CISPR25 Limitation Class1 Peak / dBuA *****

.GRAPH "xy([90,90], [150K,300K])" persistence=1 xlog=log xmin=100K
xmax=300MEG curvelabel="P_C1a" colour=16711680

.GRAPH "xy([58,58], [530K,1.8MEG])" persistence=1 xlog=log xmin=100K
xmax=300MEG curvelabel="P_C1b" colour=16711680

.GRAPH "xy([43,43], [5.9MEG,6.2MEG])" persistence=1 xlog=log xmin=100K
xmax=300MEG curvelabel="P_C1c" colour=16711680

.GRAPH "xy([28,28], [76MEG,108MEG])" persistence=1 xlog=log xmin=100K
xmax=300MEG curvelabel="P_C1d" colour=16711680

.GRAPH "xy([24,24], [41MEG,88MEG])" persistence=1 xlog=log xmin=100K
xmax=300MEG curvelabel="P_C1e" colour=16711680

.GRAPH "xy([34,34], [26MEG,28MEG])" persistence=1 xlog=log xmin=100K
xmax=300MEG curvelabel="P_C1f" colour=16711680

.GRAPH "xy([34,34], [30MEG,54MEG])" persistence=1 xlog=log xmin=100K
xmax=300MEG curvelabel="P_C1g" colour=16711680

.GRAPH "xy([28,28], [68MEG,87MEG])" persistence=1 xlog=log xmin=100K
xmax=300MEG curvelabel="P_C1h" colour=16711680

***** CISPR25 Limitation Class2 Peak / dBuA *****

.GRAPH "xy([80,80], [150K,300K])" persistence=1 xlog=log xmin=100K
xmax=300MEG curvelabel="P_C2a" colour=30464

.GRAPH "xy([50,50], [530K,1.8MEG])" persistence=1 xlog=log xmin=100K
xmax=300MEG curvelabel="P_C2b" colour=30464

.GRAPH "xy([37,37], [5.9MEG,6.2MEG])" persistence=1 xlog=log xmin=100K
xmax=300MEG curvelabel="P_C2c" colour=30464

.GRAPH "xy([22,22], [76MEG,108MEG])" persistence=1 xlog=log xmin=100K
xmax=300MEG curvelabel="P_C2d" colour=30464

❖第8章　電磁両立性検証の電子計算機処理

.GRAPH "xy([18,18], [41MEG,88MEG])" persistence=1 xlog=log xmin=100K
xmax=300MEG curvelabel="P_C2e" colour=30464
.GRAPH "xy([28,28], [26MEG,28MEG])" persistence=1 xlog=log xmin=100K
xmax=300MEG curvelabel="P_C2f" colour=30464
.GRAPH "xy([28,28], [30MEG,54MEG])" persistence=1 xlog=log xmin=100K
xmax=300MEG curvelabel="P_C2g" colour=30464
.GRAPH "xy([22,22], [68MEG,87MEG])" persistence=1 xlog=log xmin=100K
xmax=300MEG curvelabel="P_C2h" colour=30464
***** CISPR25 Limitation Class3 Peak / dBuA *****
.GRAPH "xy([70,70], [150K,300K])" persistence=1 xlog=log xmin=100K
xmax=300MEG curvelabel="P_C3a" colour=0
.GRAPH "xy([42,42], [530K,1.8MEG])" persistence=1 xlog=log xmin=100K
xmax=300MEG curvelabel="P_C3b" colour=0
.GRAPH "xy([31,31], [5.9MEG,6.2MEG])" persistence=1 xlog=log xmin=100K
xmax=300MEG curvelabel="P_C3c" colour=0
.GRAPH "xy([16,16], [76MEG,108MEG])" persistence=1 xlog=log xmin=100K
xmax=300MEG curvelabel="P_C3d" colour=0
.GRAPH "xy([12,12], [41MEG,88MEG])" persistence=1 xlog=log xmin=100K
xmax=300MEG curvelabel="P_C3e" colour=0
.GRAPH "xy([22,22], [26MEG,28MEG])" persistence=1 xlog=log xmin=100K
xmax=300MEG curvelabel="P_C3f" colour=0
.GRAPH "xy([22,22], [30MEG,54MEG])" persistence=1 xlog=log xmin=100K
xmax=300MEG curvelabel="P_C3g" colour=0
.GRAPH "xy([16,16], [68MEG,87MEG])" persistence=1 xlog=log xmin=100K
xmax=300MEG curvelabel="P_C3h" colour=0
***** CISPR25 Limitation Class4 Peak / dBuA *****
.GRAPH "xy([60,60], [150K,300K])" persistence=1 xlog=log xmin=100K
xmax=300MEG curvelabel="P_C4a" colour=16711680
.GRAPH "xy([34,34], [530K,1.8MEG])" persistence=1 xlog=log xmin=100K
xmax=300MEG curvelabel="P_C4b" colour=16711680

.GRAPH "xy([25,25], [5.9MEG,6.2MEG])" persistence=1 xlog=log xmin=100K
xmax=300MEG curvelabel="P_C4c" colour=16711680
.GRAPH "xy([10,10], [76MEG,108MEG])" persistence=1 xlog=log xmin=100K
xmax=300MEG curvelabel="P_C4d" colour=16711680
.GRAPH "xy([6,6], [41MEG,88MEG])" persistence=1 xlog=log xmin=100K
xmax=300MEG curvelabel="P_C4e" colour=16711680
.GRAPH "xy([16,16], [26MEG,28MEG])" persistence=1 xlog=log xmin=100K
xmax=300MEG curvelabel="P_C4f" colour=16711680
.GRAPH "xy([16,16], [30MEG,54MEG])" persistence=1 xlog=log xmin=100K
xmax=300MEG curvelabel="P_C4g" colour=16711680
.GRAPH "xy([10,10], [68MEG,87MEG])" persistence=1 xlog=log xmin=100K
xmax=300MEG curvelabel="P_C4h" colour=16711680
***** CISPR25 Limitation Class5 Peak / dBuA *****
.GRAPH "xy([50,50], [150K,300K])" persistence=1 xlog=log xmin=100K
xmax=300MEG curvelabel="P_C5a" colour=30464
.GRAPH "xy([26,26], [530K,1.8MEG])" persistence=1 xlog=log xmin=100K
xmax=300MEG curvelabel="P_C5b" colour=30464
.GRAPH "xy([19,19], [5.9MEG,6.2MEG])" persistence=1 xlog=log xmin=100K
xmax=300MEG curvelabel="P_C5c" colour=30464
.GRAPH "xy([4,4], [76MEG,108MEG])" persistence=1 xlog=log xmin=100K
xmax=300MEG curvelabel="P_C5d" colour=30464
.GRAPH "xy([0,0], [41MEG,88MEG])" persistence=1 xlog=log xmin=100K
xmax=300MEG curvelabel="P_C5e" colour=30464
.GRAPH "xy([10,10], [26MEG,28MEG])" persistence=1 xlog=log xmin=100K
xmax=300MEG curvelabel="P_C5f" colour=30464
.GRAPH "xy([10,10], [30MEG,54MEG])" persistence=1 xlog=log xmin=100K
xmax=300MEG curvelabel="P_C5g" colour=30464
.GRAPH "xy([4,4], [68MEG,87MEG])" persistence=1 xlog=log xmin=100K
xmax=300MEG curvelabel="P_C5h" colour=30464

❖第8章　電磁両立性検証の電子計算機処理

***** CISPR25 Limitation Class1 Quasi-Peak / dBuA *****

*.GRAPH "xy([77,77], [150K,300K])" persistence=1 xlog=log xmin=100K xmax=300MEG curvelabel="Q_C1a" colour=16711680

*.GRAPH "xy([45,45], [530K,1.8MEG])" persistence=1 xlog=log xmin=100K xmax=300MEG curvelabel="Q_C1b" colour=16711680

*.GRAPH "xy([30,30], [5.9MEG,6.2MEG])" persistence=1 xlog=log xmin=100K xmax=300MEG curvelabel="Q_C1c" colour=16711680

*.GRAPH "xy([15,15], [76MEG,108MEG])" persistence=1 xlog=log xmin=100K xmax=300MEG curvelabel="Q_C1d" colour=16711680

*.GRAPH "xy([21,21],[26MEG,28MEG])" persistence=1 xlog=log xmin=100K xmax=300MEG curvelabel="Q_C1f" colour=16711680

*.GRAPH "xy([21,21],[30MEG,54MEG])" persistence=1 xlog=log xmin=100K xmax=300MEG curvelabel="Q_C1g" colour=16711680

*.GRAPH "xy([15,15],[68MEG,87MEG])" persistence=1 xlog=log xmin=100K xmax=300MEG curvelabel="Q_C1h" colour=16711680

***** CISPR25 Limitation Class2 Quasi-Peak / dBuA *****

*.GRAPH "xy([67,67], [150K,300K])" persistence=1 xlog=log xmin=100K xmax=300MEG curvelabel="Q_C2a" colour=30464

*.GRAPH "xy([37,37], [530K,1.8MEG])" persistence=1 xlog=log xmin=100K xmax=300MEG curvelabel="Q_C2b" colour=30464

*.GRAPH "xy([24,24], [5.9MEG,6.2MEG])" persistence=1 xlog=log xmin=100K xmax=300MEG curvelabel="Q_C2c" colour=30464

*.GRAPH "xy([9,9],[76MEG,108MEG])" persistence=1 xlog=log xmin=100K xmax=300MEG curvelabel="Q_C2d" colour=30464

*.GRAPH "xy([15,15],[26MEG,28MEG])" persistence=1 xlog=log xmin=100K xmax=300MEG curvelabel="Q_C2f" colour=30464

*.GRAPH "xy([15,15],[30MEG,54MEG])" persistence=1 xlog=log xmin=100K xmax=300MEG curvelabel="Q_C2g" colour=30464

*.GRAPH "xy([9,9], [68MEG,87MEG])" persistence=1 xlog=log xmin=100K xmax=300MEG curvelabel="Q_C2h" colour=30464

***** CISPR25 Limitation Class3 Quasi-Peak / dBuA *****

*.GRAPH "xy([57,57], [150K,300K])" persistence=1 xlog=log xmin=100K xmax=300MEG curvelabel="Q_C3a" colour=0

*.GRAPH "xy([29,29], [530K,1.8MEG])" persistence=1 xlog=log xmin=100K xmax=300MEG curvelabel="Q_C3b" colour=0

*.GRAPH "xy([18,18], [5.9MEG,6.2MEG])" persistence=1 xlog=log xmin=100K xmax=300MEG curvelabel="Q_C3c" colour=0

*.GRAPH "xy([3,3],[76MEG,108MEG])" persistence=1 xlog=log xmin=100K xmax=300MEG curvelabel="Q_C3d" colour=0

*.GRAPH "xy([9,9], [26MEG,28MEG])" persistence=1 xlog=log xmin=100K xmax=300MEG curvelabel="Q_C3f" colour=0

*.GRAPH "xy([9,9], [30MEG,54MEG])" persistence=1 xlog=log xmin=100K xmax=300MEG curvelabel="Q_C3g" colour=0

*.GRAPH "xy([3,3], [68MEG,87MEG])" persistence=1 xlog=log xmin=100K xmax=300MEG curvelabel="Q_C3h" colour=0

***** CISPR25 Limitation Class4 Quasi-Peak / dBuA *****

*.GRAPH "xy([47,47], [150K,300K])" persistence=1 xlog=log xmin=100K xmax=300MEG curvelabel="Q_C4a" colour=16711680

*.GRAPH "xy([21,21], [530K,1.8MEG])" persistence=1 xlog=log xmin=100K xmax=300MEG curvelabel="Q_C4b" colour=16711680

*.GRAPH "xy([12,12], [5.9MEG,6.2MEG])" persistence=1 xlog=log xmin=100K xmax=300MEG curvelabel="Q_C4c" colour=16711680

*.GRAPH "xy([-3,-3],[76MEG,108MEG])" persistence=1 xlog=log xmin=100K xmax=300MEG curvelabel="Q_C4d" colour=16711680

*.GRAPH "xy([3,3], [26MEG,28MEG])" persistence=1 xlog=log xmin=100K xmax=300MEG curvelabel="Q_C4f" colour=16711680

*.GRAPH "xy([3,3], [30MEG,54MEG])" persistence=1 xlog=log xmin=100K xmax=300MEG curvelabel="Q_C4g" colour=16711680

*.GRAPH "xy([-3,-3],[68MEG,87MEG])" persistence=1 xlog=log xmin=100K xmax=300MEG curvelabel="Q_C4h" colour=16711680

❖第8章 電磁両立性検証の電子計算機処理

***** CISPR25 Limitation Class5 Quasi-Peak / dBuA *****

*.GRAPH "xy([37,37], [150K,300K])" persistence=1 xlog=log xmin=100K xmax=300MEG curvelabel="Q_C5a" colour=30464

*.GRAPH "xy([13,13], [530K,1.8MEG])" persistence=1 xlog=log xmin=100K xmax=300MEG curvelabel="Q_C5b" colour=30464

*.GRAPH "xy([6,6], [5.9MEG,6.2MEG])" persistence=1 xlog=log xmin=100K xmax=300MEG curvelabel="Q_C5c" colour=30464

*.GRAPH "xy([-9,-9], [76MEG,108MEG])" persistence=1 xlog=log xmin=100K xmax=300MEG curvelabel="Q_C5d" colour=30464

*.GRAPH "xy([-3,-3], [26MEG,28MEG])" persistence=1 xlog=log xmin=100K xmax=300MEG curvelabel="Q_C5f" colour=30464

*.GRAPH "xy([-3,-3], [30MEG,54MEG])" persistence=1 xlog=log xmin=100K xmax=300MEG curvelabel="Q_C5g" colour=30464

*.GRAPH "xy([-9,-9], [68MEG,87MEG])" persistence=1 xlog=log xmin=100K xmax=300MEG curvelabel="Q_C5h" colour=30464

***** CISPR25 Limitation Class1 Average / dBuA *****

*.GRAPH "xy([70,70], [150K,300K])" persistence=1 xlog=log xmin=100K xmax=300MEG curvelabel="A_C1a" colour=16711680

*.GRAPH "xy([38,38], [530K,1.8MEG])" persistence=1 xlog=log xmin=100K xmax=300MEG curvelabel="A_C1b" colour=16711680

*.GRAPH "xy([23,23], [5.9MEG,6.2MEG])" persistence=1 xlog=log xmin=100K xmax=300MEG curvelabel="A_C1c" colour=16711680

*.GRAPH "xy([8,8], [76MEG,108MEG])" persistence=1 xlog=log xmin=100K xmax=300MEG curvelabel="A_C1d" colour=16711680

*.GRAPH "xy([14,14], [41MEG,88MEG])" persistence=1 xlog=log xmin=100K xmax=300MEG curvelabel="A_C1e" colour=16711680

*.GRAPH "xy([14,14], [26MEG,28MEG])" persistence=1 xlog=log xmin=100K xmax=300MEG curvelabel="A_C1f" colour=16711680

*.GRAPH "xy([14,14], [30MEG,54MEG])" persistence=1 xlog=log xmin=100K xmax=300MEG curvelabel="A_C1g" colour=16711680

− 208 −

*.GRAPH "xy([8,8], [68MEG,87MEG])" persistence=1 xlog=log xmin=100K xmax=300MEG curvelabel="A_C1h" colour=16711680

***** CISPR25 Limitation Class2 Average / dBuA *****

*.GRAPH "xy([60,60], [150K,300K])" persistence=1 xlog=log xmin=100K xmax=300MEG curvelabel="A_C2a" colour=30464

*.GRAPH "xy([30,30], [530K,1.8MEG])" persistence=1 xlog=log xmin=100K xmax=300MEG curvelabel="A_C2b" colour=30464

*.GRAPH "xy([17,17], [5.9MEG,6.2MEG])" persistence=1 xlog=log xmin=100K xmax=300MEG curvelabel="A_C2c" colour=30464

*.GRAPH "xy([2,2], [76MEG,108MEG])" persistence=1 xlog=log xmin=100K xmax=300MEG curvelabel="A_C2d" colour=30464

*.GRAPH "xy([8,8], [41MEG,88MEG])" persistence=1 xlog=log xmin=100K xmax=300MEG curvelabel="A_C2e" colour=30464

*.GRAPH "xy([8,8], [26MEG,28MEG])" persistence=1 xlog=log xmin=100K xmax=300MEG curvelabel="A_C2f" colour=30464

*.GRAPH "xy([8,8], [30MEG,54MEG])" persistence=1 xlog=log xmin=100K xmax=300MEG curvelabel="A_C2g" colour=30464

*.GRAPH "xy([2,2], [68MEG,87MEG])" persistence=1 xlog=log xmin=100K xmax=300MEG curvelabel="A_C2h" colour=30464

***** CISPR25 Limitation Class3 Average / dBuA *****

*.GRAPH "xy([50,50], [150K,300K])" persistence=1 xlog=log xmin=100K xmax=300MEG curvelabel="A_C3a" colour=0

*.GRAPH "xy([22,22], [530K,1.8MEG])" persistence=1 xlog=log xmin=100K xmax=300MEG curvelabel="A_C3b" colour=0

*.GRAPH "xy([11,11], [5.9MEG,6.2MEG])" persistence=1 xlog=log xmin=100K xmax=300MEG curvelabel="A_C3c" colour=0

*.GRAPH "xy([-4,-4], [76MEG,108MEG])" persistence=1 xlog=log xmin=100K xmax=300MEG curvelabel="A_C3d" colour=0

*.GRAPH "xy([2,2], [41MEG,88MEG])" persistence=1 xlog=log xmin=100K xmax=300MEG curvelabel="A_C3e" colour=0

❖第8章　電磁両立性検証の電子計算機処理

*.GRAPH "xy([2,2], [26MEG,28MEG])" persistence=1 xlog=log xmin=100K xmax=300MEG curvelabel="A_C3f" colour=0

*.GRAPH "xy([2,2], [30MEG,54MEG])" persistence=1 xlog=log xmin=100K xmax=300MEG curvelabel="A_C3g" colour=0

*.GRAPH "xy([-4,-4], [68MEG,87MEG])" persistence=1 xlog=log xmin=100K xmax=300MEG curvelabel="A_C3h" colour=0

***** CISPR25 Limitation Class4 Average / dBuA *****

*.GRAPH "xy([40,40], [150K,300K])" persistence=1 xlog=log xmin=100K xmax=300MEG curvelabel="A_C4a" colour=16711680

*.GRAPH "xy([14,14], [530K,1.8MEG])" persistence=1 xlog=log xmin=100K xmax=300MEG curvelabel="A_C4b" colour=16711680

*.GRAPH "xy([5,5], [5.9MEG,6.2MEG])" persistence=1 xlog=log xmin=100K xmax=300MEG curvelabel="A_C4c" colour=16711680

*.GRAPH "xy([-10,-10], [76MEG,108MEG])" persistence=1 xlog=log xmin=100K xmax=300MEG curvelabel="A_C4d" colour=16711680

*.GRAPH "xy([-4,-4], [41MEG,88MEG])" persistence=1 xlog=log xmin=100K xmax=300MEG curvelabel="A_C4e" colour=16711680

*.GRAPH "xy([-4,-4], [26MEG,28MEG])" persistence=1 xlog=log xmin=100K xmax=300MEG curvelabel="A_C4f" colour=16711680

*.GRAPH "xy([-4,-4], [30MEG,54MEG])" persistence=1 xlog=log xmin=100K xmax=300MEG curvelabel="A_C4g" colour=16711680

*.GRAPH "xy([-10,-10], [68MEG,87MEG])" persistence=1 xlog=log xmin=100K xmax=300MEG curvelabel="A_C4h" colour=16711680

***** CISPR25 Limitation Class5 Average / dBuA *****

*.GRAPH "xy([30,30], [150K,300K])" persistence=1 xlog=log xmin=100K xmax=300MEG curvelabel="A_C5a" colour=30464

*.GRAPH "xy([6,6], [530K,1.8MEG])" persistence=1 xlog=log xmin=100K xmax=300MEG curvelabel="A_C5b" colour=30464

*.GRAPH "xy([-1,-1], [5.9MEG,6.2MEG])" persistence=1 xlog=log xmin=100K xmax=300MEG curvelabel="A_C5c" colour=30464

*.GRAPH "xy([-16,-16], [76MEG,108MEG])" persistence=1 xlog=log
xmin=100K xmax=300MEG curvelabel="A_C5d" colour=30464
*.GRAPH "xy([-10,-10], [41MEG,88MEG])" persistence=1 xlog=log
xmin=100K xmax=300MEG curvelabel="A_C5e" colour=30464
*.GRAPH "xy([-10,-10], [26MEG,28MEG])" persistence=1 xlog=log
xmin=100K xmax=300MEG curvelabel="A_C5f" colour=30464
*.GRAPH "xy([-10,-10], [30MEG,54MEG])" persistence=1 xlog=log
xmin=100K xmax=300MEG curvelabel="A_C5g" colour=30464
*.GRAPH "xy([-16,-16], [68MEG,87MEG])" persistence=1 xlog=log
xmin=100K xmax=300MEG curvelabel="A_C5h" colour=30464
***** Conducted Emission Level / dBuA *****
.GRAPH "db(Spectrum(R10#P/sqrt(0.001/50), 32768))+73" persistence=1
xunit=Hz xlog=log xmin=100K xmax=300MEG xlabel="Frequency"
yunit=dBuA ylog=lin ymin=-20 ymax=140 ylabel="Spectrum(I_R10)" curvela
bel="Spectrum(I_R10)"
***** Conducted Emission Level / dBm *****
*.GRAPH "db(Spectrum(R10#P/sqrt(0.001/50), 32768))" persistence=1
xunit=Hz xlog=log xmin=100K xmax=300MEG xlabel="Frequency"
yunit=dBm ylog=lin ymin=-100 ymax=60 ylabel="Spectrum(I_R10)" curvelab
el="Spectrum(I_R10)"

.OPTIONS noraw
.SIMULATOR DEFAULT

❖第8章　電磁両立性検証の電子計算機処理／著者略歴

参考文献

1）https://www.simetrix.co.uk/
2）佐藤智典，"EMCとは何か，"株式会社e・オータマ，16 pages, Oct.
　2013.
3）"SIMetrix SPICE and Mixed Mode Simulation, Script Reference Manual,"
　SIMetrix Technologies Ltd., 1992-2009.
4）http://gnuwin32.sourceforge.net/
5）http://www.gnuplot.info/
6）https://www.cs.virginia.edu/~lcc-win32/
7）https://webstore.iec.ch/publication/22046
8）https://webstore.iec.ch/publication/26122

■ 著者略歴 ■

稲垣 亮介 (いながき りょうすけ)

1987 年　ローム株式会社入社．本社第 1 開発部配属
2000 年　ローム株式会社東京デザインセンタ勤務．LSI 商品開発部グループ長
2004 年　株式会社半導体理工学研究センタ (STARC) 勤務．物理設計開発室，標準化
　　　　推進室配属
2005 年　広島大学大学院先端物質科学研究科客員助教授
2006 年　米国政府電子技術協会 (GEIA) コンパクトモデル評議会 (CMC) 評議員
2009 年　早稲田大学大学院情報生産システム研究科後期博士課程修了．博士 (工学)
2009 年　ローム株式会社横浜テクノロジセンタ勤務．後に電磁両立性 (EMC) グループ長
2014 年　一般社団法人電子情報技術産業協会 (JEITA) SC47A 国内委員会委員長
2014 年　国際電気標準会議 (IEC) 半導体素子専門委員会 (TC47) 集積回路分科委員会
　　　　(SC47A) 日本代表
2017 年　一般社団法人電子情報技術産業協会 (JEITA) 集積回路製品技術委員会監事

現在に至る．大阪市生まれ

設計技術シリーズ
ー製品の信頼性を高める半導体ー
LSIのEMC設計

2018年2月26日　初版発行

著　者　稲垣　亮介　　　　　　　　　　　　　©2018

発行者　松塚　晃医
発行所　科学情報出版株式会社
　　　　〒300-2622　茨城県つくば市要443-14 研究学園
　　　　電話　029-877-0022
　　　　http://www.it-book.co.jp/

ISBN 978-4-904774-68-7　C2055
※転写・転載・電子化は厳禁